Sebastian Sage

Glasschäden am Bau vermeiden

Sebastian Sage

Glasschäden am Bau vermeiden

Kompaktes Wissen
rund um den Baustoff Glas

3., vollst. überarb. Aufl.

Fraunhofer IRB Verlag

Bibliografische Information der Deutschen Nationalbibliothek:
Die Deutsche Nationalbibliothek verzeichnet diese Publikation in der Deutschen Nationalbibliografie; detaillierte bibliografische Daten sind im Internet über www.dnb.de abrufbar.

ISBN (Print): 978-3-7388-0557-4
ISBN (E-Book): 978-3-7388-0558-1

Lektorat: Julia Ehl
Layout: Gabriele Wicker
Satz · Herstellung: Angelika Schmid
Umschlaggestaltung: Martin Kjer
Druck: Westermann Druck Zwickau GmbH, Zwickau

Alle Bilder vom Verfasser, soweit nicht anders angegeben.

Die hier zitierten Normen sind mit Erlaubnis des DIN Deutsches Institut für Normung e. V. wiedergegeben. Maßgebend für das Anwenden einer Norm ist deren Fassung mit dem neuesten Ausgabedatum, die bei der Beuth Verlag GmbH, Burggrafenstraße 6, 10787 Berlin, erhältlich ist.

1. Auflage 2013: Klare Kante – Schäden an Bauteilen aus Glas
2., überarb. Auflage 2016: Klare Kante – Glasschäden am Bau vermeiden

Fraunhofer-Informationszentrum Raum und Bau IRB
Nobelstraße 12, 70569 Stuttgart
Telefon +49 711 970-2500
Telefax +49 711 970-2508
irb@irb.fraunhofer.de
www.baufachinformation.de

Vorwort

Bauen mit Glas ist ein Ding der Widersprüche. Glas wird seit Jahrtausenden zur Aufbewahrung von Flüssigkeiten benutzt, weil es so wasserfest ist. Leider ist der geklebte Randverbund von Mehrscheiben-Isolierglas ein bisschen wasserscheu.

Glück und Glas zerbrechen sprichwörtlich. Die Herausforderung, dennoch immer größere Flächen zu verglasen, ja sogar tragende Konstruktionen – sogar Böden und Treppen – aus Glas zu erstellen, reizt gerade deshalb.

Glas ist durchsichtig, Glas steht in der zeitgenössischen Architektur für Transparenz, doch Glas spiegelt auch, und Spiegel sind undurchsichtiger je besser sie spiegeln. Die Spiegel in nur einer Richtung kennen wir aus dem Krimi. Teils spiegeln und teils nicht spiegeln ist der Schlüssel zum Sonnenschutz mit Glas. Sogar Sichtschutz ist aus Glas.

Abb. 1: Glas an Wand, Boden und Decke, Architekten Hascher und Jehle

Das Fenster ließ Jahrhunderte lang im Sommer die Sonne in die Räume, aber im Winter auch die Kälte. Das Fenster ist die Verbindung nach draußen, lässt aber auch den Lärm von draußen rein. Und nun sollen Gläser vor Kälte, Lärm und Feuer ebenso effektiv schützen wie massive Wände.

Die genannten Paradoxien und der Ehrgeiz sie zu überwinden, machen den Einsatz von Glas in der modernen Architektur zu einer spannenden Planungsaufgabe. Dabei geht auch mal etwas schief. Als Sachverständiger für Schäden an Gebäuden bekomme ich viele Fälle gerade dann zu sehen, wenn sie schiefgegangen sind. Das passiert häufig genug. Der Leser möge von der Erfahrung profitieren.

Die dritte Auflage ist außer der laufenden Aktualisierung des Regelwerks erweitert an der kritischen Nahtstelle, wo Glas in Fenster und Fenster in Gebäude eingebaut werden.

Ich danke Frau Julia Ehl vom Fraunhofer IRB Verlag für Unterstützung und Ermutigung und danke meinen Büropartnern Christoph Popp und Kersten Schagemann für ihre Nachsicht gegenüber meiner Schreiberei neben der Arbeit im gemeinsamen Sachverständigenbüro.

Stuttgart, im September 2020
Sebastian Sage

Abb. 2: Der Verfasser bei der Arbeit

Inhalt

1 Der Baustoff Glas

Abb. 3: Glas in großen Flächen

1.1 Glas im Regelwerk

Am Bau waren seit Langem zwei traditionsreiche Berufe für das Bauen mit Glas zuständig: Glaser und Tischler haben zusammen Fenster hergestellt. Die Betriebe wurden von Meistern geleitet, welche in Innungen und Kammern organisiert waren. Die Vertretungen des Handwerks haben Regelwerke veröffentlicht. Das Institut des Glaserhandwerks für Verglasungstechnik und Fensterbau in Hadamar – inzwischen Bundesinnungsverband des Glaserhandwerks – gibt technische Richtlinien des Glaserhandwerks heraus. Das Institut für Fenstertechnik in Rosenheim hat seinen Ursprung als Forschungsinstitut der Fenster bauenden Tischler. Das ift Rosenheim veröffentlicht die ift-Merkblätter. Heute sind Hersteller von Fenstern und Fassaden in Verbänden zusammengeschlossen, um gemeinsam die Qualität zu sichern. Der Verband Fenster und Fassadenhersteller e. V. veröffentlicht VFF-Merkblätter über die Konstruktion und die Prüfung von Verglasung und Zubehör, die nicht selten vom ift erarbeitet sind. VFF-Mitglieder sind auch Mitglieder im Institut für Fenstertechnik e. V. in Rosenheim. Die Richtlinie zum Fenstereinbau ist ein Gemeinschaftswerk der genannten Verbände und der Hersteller.

So wertvoll die Arbeit dieser Institute ist, die Mitgliedschaft in diesen Verbänden ist nicht zwingend. Ein Betrieb muss keinen Meister haben. Niemand muss Mitglied einer Innung sein, um Gebäude mit Fenstern zu versehen. Fenster herstellen geschieht meistens noch in geordneten Bahnen, Fenster einbauen schon seltener. Berufsausbildung kann, muss aber nicht sein. Das wurde alles der Freiheit der Gewerbeausübung geopfert. Moderne Glaskonstruktionen vom Wintergarten bis zur kompletten Fassade werden von selbst ernannten – also solchen und solchen – Fachleuten erstellt. So bieten sowohl hoch qualifizierte Fachfirmen als auch »andere« Fenster und Fensterwände an. Das freie Spiel der wirtschaftlichen Kräfte liefert dem Sachverständigen rege Beschäftigung.

So wie in Abb. 4 abgebildet, wird die Baustelle dann fluchtartig verlassen. Was den Baukünstler nicht hindert, seinen Werklohn vor Gericht einzuklagen. Das Gericht beauftragt einen Sachverständigen. Der Gerichtssachverständige muss im Detail begründen, was falsch war. Wenn man doch sagen dürfte, dass es schlicht an der Ausbildung fehlt. Nein, die falsch geplante Geometrie mit einem Knick im Glas muss genauestens nachgerechnet werden, jede Regelabweichung im Detail beschrieben werden.

Bauleistungen werden seit Jahrzehnten vereinheitlicht und EDV-gerecht nach den Texten des Standardleistungsbuchs (StLB-Bau) ausgeschrieben, vergeben und abgerechnet. Diese vom Gemeinsamen Ausschuss Elektronik im Bauwesen (GAEB) aufgestellte Textsammlung hat schon vor Jahrzehnten den Bezug zu den traditionellen Berufen verlassen und die Ausschreibungs- und Vergabewerkzeuge von Glas, Rahmen und Beschlag zum »Fensterbau« vereint. Diese Vorgehensweise hat sich in der Praxis offensichtlich bewährt. Ganz anders hat die Vergabeordnung VOB die Zusammenführung von Glas, Rahmen und Beschlag zu einem Gewerk »Fenster« nicht vollzogen. Nach Meinung der VOB kann der Bauherr die drei Gewerke weiterhin an drei verschiedene Bauunternehmer vergeben. Eine solche Praxis hat das Baugeschehen offensichtlich nicht geprägt.

Abb. 4: Wintergarten in Fantasieausführung

Der europäische Einigungsprozess bringt eine neuartige Teilung ins Baugeschehen. Baustoffe und Bauteile werden zur Vereinfachung der europäischen Handelsfreiheit europäisch genormt. Europäisch genormt sind fast alle Baustoffe der Verglasung, Flachglas, Sicherheitsglas, Isolierglas, Dichtstoffe, Rahmenmaterial, und das Fenster selbst (siehe Anhang). Die Verarbeitung der Baustoffe und der Einbau der Bauteile bleiben in großen Teilen national geregelt. Da am Bau Lieferung und Einbau in der Regel einem Unternehmer zusammen in Auftrag gegeben werden, sind zu jedem Handgriff mindestens zwei Normen zu beachten, mindestens eine europäische zum Baustoff und mindestens eine nationale zur Verarbeitung.

Die teilweise bereits bestehenden europäischen Verarbeitungsnormen werden die Teilung in europäische und nationale Normen noch lange nicht aufheben. Denn europäische Normen beschreiben nicht, wie gebaut werden soll oder muss. Europäische Normen regeln, wie Anforderungen und deren Erfüllung transparent und einheitlich beschrieben werden. Zu den transparent und einheitlich beschriebenen Anforderungen gehört in europäischen Normen die Anforderungsklasse »ohne Anforderung« (»npd« steht für: no performance determined). Die europäischen Normtexte müssen schließlich das Klima vom Polarkreis bis zum Mittelmeer und die Spreizung des Wohlstands von Skandinavien bis zum Balkan sprachlich eindeutig und politisch korrekt berücksichtigen. Deswegen bleiben die konkreten Anforderungen – etwa die zu berücksichtigenden Klimabedingungen – Gegenstand nationaler Normung innerhalb des europäisch gesetzten Rahmens.

Diese Art der europäischen Normsetzung war der deutschen Normung nach DIN weitgehend fremd. Es heißt in der VOB, dass nach DIN zu bauen ist, soweit DIN-Normen existieren. Mit dieser Festsetzung konnte man in der Vergangenheit ziemlich viel richtigmachen. So einfach ist die Anwendung europäischer Normen nicht.

Europäische Normen sollen in 25 Sprachen gleich verstanden werden, damit Produkte europaweit gehandelt und geliefert werden können. Es kommt immer auf die vereinheitlichten europäischen Begriffe an. Zum Beispiel ist in Europa Frankreich ein Staat und Bayern ein Land, während in USA Kalifornien ein Staat ist und Kanada ein anderes Land. Nur wer die Begriffe beherrscht, wird richtig verstanden. Jeder europäischen Norm steht ein Kapitel »Begriffe« voran.

Europäische Regeln mussten nach der früheren »Bauproduktenrichtlinie« (englisch: guideline) noch in nationales Recht umgesetzt werden. Die Regelungen der nun nachgefolgten »Bauproduktenverordnung« (englisch: directive) gelten ohne Umsetzung in nationale Regelungen unmittelbar in den Mitgliedsstaaten. Zur Anwendung braucht eine europäische Norm, die eine Verordnung umsetzt, nur noch eine deutschsprachige Ausgabe, die weiterhin DIN EN heißt. Verordnungen sind allgemein verbindlich.

Die Regelungsvorschläge der Verbände in Hadamar und Rosenheim genügten nicht als allgemein verbindliche Regelung für die Sicherheit der schön bildhaft sogenannten »Überkopfverglasungen« und der ebenso bildhaft genannten »absturzsichernden Verglasungen«. So wurden seit Jahrzehnten Sonderbaubestimmungen des Deutschen Instituts für Bautechnik in Berlin veröffentlicht, die dann »Technische Regeln« für linienförmig gelagerte Verglasungen, punktförmig gelagerte Verglasungen und absturzsichernde Verglasungen hießen. Diese Regelwerke wurden in den deutschen Bundesländern unterschiedlich und zeitversetzt »amtlich bekannt gemacht«, »eingeführt« dann »als anerkannte Regeln der Technik veröffentlicht«.

Abb. 5: Versagende Glasbrüstung

Für die Verglasung am Bau wurden ab 2010 die Normen der Reihe DIN 18008 veröffentlicht, die inzwischen die Technischen Regeln des Deutschen Instituts für Bautechnik (TRAV, TRLV) abgelöst haben. Die neuen Normen führen das europäische System der Tragwerksplanung nach Teilsicherheitsbeiwerten (Eurocode) auch für Glaskonstruktionen ein. Das Bauen mit Glas ist zumindest formal ein Stück normaler geregelt, wie andere Baustoffe auch.

Zur Verglasung gilt die deutsche DIN 18008 – Glas im Bauwesen, Bemessungs- und Konstruktionsregeln – aus folgenden Teilen:

- Teil 1: Begriffe und allgemeine Grundlagen 2020-05
- Teil 2: Linienförmig gelagerte Verglasungen (früher TRLV) 2020-05
- Teil 3: Punktförmig gelagerte Verglasungen 2013-07
- Teil 4: Zusatzanforderungen an absturzsichernde Verglasungen (früher TRAV) 2013-07
- Teil 5: Zusatzanforderungen an begehbare Verglasungen (früher dibt-Mitteilung 2/2001 zu TRLV) 2013-07
- Teil 6: Zusatzanforderungen an zu Instandhaltungsmaßnahmen betretbare Verglasungen und an durchsturzsichere Verglasungen (früher GS-Bau 18 aus den Regeln der Arbeitssicherheit) 2018-02

Teil 7: Sonderkonstruktionen sollte Regeln vom Ballwurf bis zur Explosion zusammenfassen. Das Projekt wurde mit der Normfassung 2018 aufgegeben. Die Anforderungen für Sonderkonstruktionen sind an anderer Stelle geregelt. Geklebte Verglasungen bleiben bis auf Weiteres außerhalb dieser Normenreihe.

Verglasung ist gemäß der Normung ein Einfachglas oder Mehrscheiben-Isolierglas zusammen mit allen für die Befestigung und Abdichtung erforderlichen Komponenten. Bauordnungsrechtlich ist »Verglasung« eine Bauart (§ 2 (11) MBO '16), was den Bundesländern erlaubt, bauartspezifische Anforderungen an CE-gekennzeichnete Glasprodukte zu stellen, ohne gegen das EuGH-Urteil zu verstoßen. Der Europäische Gerichtshof hatte Deutschland verwehrt, von europaweit handelbaren Bauprodukten zu verlangen, dass sie nicht brennbar sein dürften. So viel zum feinen Unterschied zwischen Bauprodukten und Bauarten. Seit der Europäische Gerichtshof die Bauregellisten abgeschafft hat, sind die dem Staat wichtigen Regelwerke in der MVVTB (Muster-Verwaltungs-Vorschrift Technische Baubestimmungen) zusammengefasst. Viele neue Bezeichnungen und wenig neuer Inhalt ermöglichen, dass die bewährten Sicherheitsstandards beibehalten werden können.

Wenn die Bundesländer zuständig sind, werden die MVVTB mit Abweichungen jeweils als Verwaltungsvorschrift Technische Baubestimmungen (VV TB) erlassen. Die unterschiedliche Verbindlichkeit ist eine Spätfolge der Entscheidung des Bundesverfassungsgerichts aus den 60er-Jahren über die Zuständigkeiten des Bundes und der Länder im Bau- und Planungsrecht. Während heute ein halbes Jahrhundert später die Europäische Union, die USA und China die gegenseitige Anerkennung ihrer technischen Normen verhandeln, leisten sich deutsche Bundesländer den Luxus, ihre Bürger leicht unterschiedlich vor Verletzungsgefahr durch Glassplitter zu schützen. Ob das 1960 so gewollt war?

Die europäische DIN EN 12488 – Glas im Bauwesen – Empfehlungen für die Verglasung – Verglasungsgrundlagen für vertikale und geneigte Verglasung – regelt Begriffe, verweist auf weitere Normen und regelt im Detail die Klotzung der Verglasung (siehe Kapitel 3.7).

Die europäische Übersichtsnorm für das Fenster DIN EN 14351 beschreibt ein grenzüberschreitend handelbares Bauprodukt. Dementsprechend beschreibt die Norm in verbindlicher Weise die Eigenschaften des Produkts. Einbruchschutz, Wärmeschutz, Schallschutz, Schlagregenschutz usw. werden in Kategorien und Skalen erfasst. Erfasst und nicht genormt heißt, dass besagte Norm definiert, wie besagte Eigenschaften der Fenster beschrieben werden, aber nicht wie sie beschaffen sein müssen. Wie die Fenster in Deutschland beschaffen sein müssen, steht in deutschen DIN-Normen, vor allem in der nationalen Anwendungsnorm DIN 18055. Die Erfüllung der Anforderungen wird durch einen »Leistungsnachweis« bestätigt und mit dem CE-Zeichen besiegelt. Diese Beschreibungsnorm wird als europäische Handelsregel allgemein verbindlich.

Für Pfosten-Riegel-Konstruktionen und Glasfassaden besteht parallel ein eigenes Normenwerk. Tragende Glaskonstruktionen sprengen nach wie vor den Rahmen der Normierung als Fenster.

DIN-Normen und DIN EN-Normen sollen allgemein anerkannte Regeln der Technik werden. Allgemein anerkannte Regeln der Technik sind nach einer immer noch gültigen Definition des Reichsgerichts in Leipzig aus dem Jahre 1910 Regeln, die wissenschaftlich richtig sind, die in der Fachwelt allgemein bekannt sind, und die sich in der Praxis bewährt haben. Die Hürde der Praxisbewährung haben im Lauf der Jahrzehnte einige unpraktische DIN-Normen verfehlt. Eine Leistung nach den allgemein anerkannten Regeln der Technik wird in der VOB nach wie vor zusätzlich zu den Kriterien der mangelfreien Beschaffenheit des Bürgerlichen Gesetzbuches gefordert.

Deutsche Autoren unterscheiden die allgemein anerkannten Regeln der Technik vom Stand der Technik. Den Definitionen der beiden Begriffe »Stand der Technik« und »allgemein anerkannte Regeln der Technik« sind die wissenschaftliche Richtigkeit (entsprechend Entwicklungsstand) und die praktische Eignung (oder Bewährung) gemein. Der Unterschied der beiden Definitionen ist die Mehrheitsmeinung der Praktiker (oder die vorherrschende Ansicht), ohne je zu fragen, ob die Maßnahme richtig und geeignet ist. Das heißt umgangssprachlich: »Das machen wir immer so« oder »Das haben wir noch nie so gemacht«. Das ist erfahrungsgemäß im Fall von Fehlern und Unglücken die dümmste denkbare Ausrede.

Deutsche Normen und Verordnungen benutzen die zwei Begriffe eher zufällig. In diesem Sinne konnte die Präsidentin des Landgerichts Stuttgart in ihrer Einführungsrede vor Richtern und Sachverständigen in der IHK die beiden Begriffe synonym verwenden: »Stand der Technik, oder wie die Sachverständigen gerne sagen allgemein anerkannte Regeln der Technik.« Englische Textübersetzungen tun sich mit der Unterscheidung der zwei Begriffe schwer. Es gibt nur einen »State of the Art«. Die Unterscheidung der zwei Begriffe kennt nicht mehr die 1910 beabsichtigte Deutlichkeit.

Sowenig wie Standardleistungsbuch und VOB aufeinander abgestimmt sind, ist die kurzfristige Fortschreibung aller nationalen und europäischen Regelwerke koordiniert. Da die Regelwerke sich aufeinander beziehen und sich gegenseitig zitieren, müssen sie oft sehr kurzfristig novelliert werden, was nicht deren Qualität beweist. Die Änderung der »Nachbarnorm« scheint die Normausschüsse stets aufs Neue zu überraschen. So musste die erst im Dezember 2010 veröffentlichte Verglasungsnorm DIN 18008-2 schon im April 2011 berichtigt werden, um einen falsch gesetzten redaktionellen Querverweis auf »allseitig gelagerte Vertikalverglasungen« zu aktualisieren. Eine Liste von Normen steht im Anhang. Die erstaunlich kurzfristige Fortschreibung ist im Internet besser aufgehoben als im gedruckten Buch. Auch der Beuth Verlag veröffentlicht DIN-Normen seit Jahren digital. Deswegen stört sich auch niemand daran, wenn Normblätter mehrere Hundert Seiten dick werden. Wenn sie jemals jemand in der Hand getragen hätte, hätte er sich kürzergefasst.

Ein Blick zur Seite auf die Regelwerke anderer Bauweisen und Bauteile, die tragen und stützen, die bersten oder brechen und dabei Personen verletzen können, erlaubt die Vorhersage, dass die Entwicklung damit nicht zum Ende kommt. Ein Eurocode der Europäischen Union wird die zähe Vereinheitlichung der europäischen Regeln über die Verglasung vorantreiben und schließlich gemeinsame europäische Normen auch hier erzwingen (Eurocode Glas). Auch diese Zukunft ist nicht das Ende der Geschichte. Auf die europäische Vereinheitlichung von Normen folgt die Vereinbarung gemeinsamer Normen für Europa, Asien und Amerika unter dem Dach von ISO. So ist die Veröffentlichung der nationalen Verglasungsnorm ein ebenso geeigneter Zeitpunkt für die Herausgabe dieses Textes wie jeder andere.

1.2 Eine Flüssigkeit wird zur Scheibe

Glas ist seit Jahrtausenden bekannt. Bereits aus den frühen Städten Mesopotamiens sind Behälter aus Glas zur Aufbewahrung von Flüssigkeiten in unseren Museen ausgestellt. Die Technik aus Sand – Quarzsand, Kalk und Soda – und Feuer Glas zu schmelzen, gehört zu den elementaren Kulturleistungen, wie das Brennen von Keramik und das Schmelzen und Schmieden von Metallen.

Glas entsteht durch gemeinsames Schmelzen von kristallinen Stoffen bei sehr hoher Temperatur. Die Massenanteile der Hauptbestandteile der verbreiteten Flachgläser sind für das verbreitete Kalk-Natron-Silikatglas und das verbreitete Borosilikat-Brandschutzglas Tab. 1 zu entnehmen.

Tab. 1: Glas im Bauwesen aus DIN EN 572-1

Hauptbestandteil	Kalk-Natron-Silikatglas	Borosilikatglas
Siliciumdioxid (SiO_2) (Quarzsand)	69 % bis 74 %	70 % bis 87 %
Kalziumoxid (CaO) (Kalk)	5 % bis 14 %	
Natriumoxid (Na_2O)	10 % bis 16 %	0 % bis 16 %
Magnesiumoxid (MgO)	0 % bis 6 %	
Aluminiumoxid (Al_2O_2)	0 % bis 3 %	0 % bis 8 %
Bortrioxid (B_2O_3)		7 % bis 15 %
Kaliumoxid (K_2O)		0 % bis 16 %
andere	0 % bis 3 %	

Brandschutzglas (Borosilikatglas) unterscheidet sich durch die chemische Zusammensetzung von Kalk-Natron-Silikatglas. Die Wärmedehnung sinkt um etwa die Hälfte. Dadurch verbessert sich die Temperaturwechselbeständigkeit. Zusätze der Oxide von Titan und Eisen beeinflussen die Farbe des Glases.

Die Rohstoffe für die Herstellung von Glas sind – anders als fossile Rohstoffe – in der Natur reichlich vorhanden. Das chemische Element Silizium (deutsche Schreibweise mit »z«, chemische Fachsprache mit »c«, von lateinisch silicia = Kieselerde und silex = Kieselstein) ist noch vor Aluminium eines der häufigsten Elemente der Erdkruste, sein Anteil an der Masse der gesamten Erde beträgt ein Sechstel, am Erdmantel sogar ein Viertel. Silizium kommt in Mineralien, Steinen und Erden und in Produkten wie Zement und eben Glas vor. Damit ist Glas dem Siliziumzeitalter verbunden, welches Silizium als wesentliches Bauelement von Solarzellen und Halbleitern fest im postfossilen 21. Jahrhundert verankert. Silizium heißt englisch silicon wie das gleichnamige valley, nicht zu verwechseln mit dem deutschen Wort Silikon (englisch silicone), welches ein polymeres Folgeprodukt zur Verwendung als Kunststoff, Klebstoff, Dichtmasse usw. bezeichnet.

Die Rohstoffe für Glas werden bei 1600 °C bis 1800 °C eingeschmolzen. Das Produkt Glas erstarrt beim langsamen Abkühlen der Glasschmelze als durchsichtiges Produkt, wie wir es kennen. Bei abruptem Abkühlen würde die Schmelze ähnlich ihrem undurchsichtigen Ausgangsprodukt kristallisieren. Moderne Mischformen wie »Glaskeramik« sprengen diese Begriffsbestimmung.

Das langsam erkaltende Glas erstarrt als Flüssigkeit, bevor es in den Kristallzustand zurückfällt. Ein Beispiel zum Vergleich – etwas schief wie alle Vergleiche – ist Honig in seiner zähflüssigen Phase, bevor er anders als Glas mit der Zeit dann doch kristallisiert. Glas ist fester als Honig, aber es kriecht ebenso unter Last und Eigenlast. Ebenes Glas wird mit der Zeit krumm. Schlieren werden mit den Jahrzehnten größer. Bei alten Gläsern ist das sichtbar.

Damit die Glasschmelze so langsam und nicht schneller abkühlt, muss sie kontinuierlich abnehmend befeuert werden. Daher rührt der zunächst befremdliche Ausdruck Kühlofen.

Glas wird also 800 °C bis 1 600 °C heiß in seine bestimmungsgemäße Form gebracht und langsam abgekühlt auf 600 °C bis 100 °C.

Die klassische Verarbeitungsform von Glas ist das Blasen auf einem Blasrohr zu einer Hohlform. So wurden und werden Gefäße vom Trinkglas bis zum Leuchtmittel hergestellt, vom Kunstglas in Murano bis zur industriellen Glühlampenherstellung. Auch Flachglas wurde früher hergestellt, indem Zylinder geblasen, heiß aufgeschnitten und ausgerollt flach abgekühlt wurden, oder die rund geblasene Hohlform wurde aufgeschnitten und zur »Mondscheibe« geschleudert.

Glas wird gegossen, früher tatsächlich auf großen Tischen, wovon noch der alte Begriff »Tafelglas« zeugt. Auf dem Tisch wurde das Glas breitgewalzt, gequetscht, gehämmert, wovon auf dem Glas sichtbare Spuren zurückblieben. Moderner wird Gussglas im kontinuierlichen Walzverfahren als Flachglas, auch mit Drahteinlage hergestellt. Auch Profilbauglas in U-Form wird im Maschinenwalzverfahren hergestellt. Gussglas gibt das Muster der Unterlage als Abdruck wieder. Verwendet werden Metallgewebe, aber auch dekorative Muster. Deswegen heißt es auch Ornamentglas, oder zum Beispiel Antikglas. Geschliffen und poliert heißt es auch Spiegelglas, aufwertend auch Kristallspiegelglas genannt. Gussglas wird in Formen zu Gefäßen, Isolatoren, Leuchten, also zu dreidimensionalen Gegenständen, gepresst.

Flachglas wurde im 19. und im 20. Jahrhundert industriell aus der Oberfläche der Glasschmelze gezogen, wie Honig aus dem Topf. Verschiedene Verfahren mit und ohne Düse wurden großindustriell eingesetzt. Deshalb nannte man das gezogene Glas im Gegensatz zu Gussglas Maschinenglas. Gezogenes Glas weist, bedingt durch den Herstellungsprozess, eine gleichmäßige Dicke und beidseits eine ebene feuerblanke Oberfläche auf.

Flachglas ist die Bezeichnung für Glas mit zwei parallelen Oberflächen. Mit nur einer ebenen Oberfläche heißt es Gartenbauglas oder Gartenblankglas. Mit höheren Anforderungen an die Ebenheit der Oberflächen heißt es Spiegelglas. Als Bezeichnung nicht für das Ergebnis, sondern für die Art der Herstellung, heißt es Gussglas oder Floatglas. Was in deutschen Regelwerken Spiegelglas hieß, heißt in den neueren europäischen Normen Floatglas nach der heute verbreiteten Herstellungstechnik.

Floatglas, die heute vorherrschende Form der Flachglasherstellung, wurde in den 50er-Jahren von dem Engländer Pilkington erfunden und wird seit den 60er-Jahren des 20. Jahrhunderts industriell hergestellt. Die Glasschmelze im Wannenofen läuft am Rand über auf ein Bad aus flüssigem Zinn, welches in Transportrichtung langsam die Temperatur senkt. Wenn nach dieser Strecke das Glas hinreichend erstarrt, geht es über auf ein Transportlager aus Stahlrollen. Die Geschwindigkeit des Prozesses bestimmt die Glasdicke zwischen 2 mm und etwa 35 mm. Handelsüblich sind 2, 3, 4, 5, 6, 8, 10, 12, 15 und 19 mm. Die Feuerpolitur gibt dem Glas die Oberflächenqualität, die gezogenes Glas schon aus dem Herstellungsprozess mitbrachte. Floatglas gibt es als ungefärbtes Glas mit einem leichten Grünton, als in der Masse gefärbtes Glas, als Weißglas mit geringerer Eigenfarbe, und außer als Natronsilikatglas auch als Borosilikatglas. Letzteres ist bei Verformung durch Temperaturwechsel besser beständig.

Das zunächst kontinuierliche Band aus Glas wird in transportierbare Formate von normal sechs Metern geschnitten, die von den Möglichkeiten der Weiterverarbeitung und des Transports abhängen, während die Bandbreite von ca. 3,2 bis 3,5 m eine feste Größe der Produktionsanlage ist. So sind größere Längen als 6 m bis zu 12 m und mehr technisch möglich. Spezial-LKW oder Waggons, die das Flachglas zu weiteren Produktionsschritten kutschieren, nutzen die Grenzen der Straßenverkehrsordnung oder den Gabbarit der Bahn für die Größe der Glaspakete bis zum Rand aus. Größere Formate kommen per Flugzeug aus China. Bis zum Zuschnitt ist die Flachglasfabrik fast einen Kilometer lang, topfeben, und verbraucht so viel Energie wie eine Kleinstadt, heute bevorzugt Erdgas.

Obwohl der Energieeinsatz der Glasindustrie in den vergangenen 100 Jahren erheblich gesenkt werden konnte, werden für die Herstellung einer Tonne Glas immer noch ca. 1500 kWh benötigt. Damit zählt die Glasindustrie zu den deutlich energieintensiven Industrien. Nach Angaben der Glasindustrie wird ein halbes Prozent des gesamten weltweiten Energieverbrauchs für die Glasherstellung in Anspruch genommen. Was wenig ist im Vergleich zur Zement-, Eisen- und Stahlherstellung sowie der chemischen Industrie und inzwischen der Telekommunikation.

Deutlich weniger Energie wird für das Recyceln von Altglas benötigt als für das Schmelzen aus den Ursprungsstoffen. Glas ist zu 100 % recycelbar. Altglas und Glasbruch werden der Schmelze unmittelbar beigegeben. Bei der hohen Temperatur verdampfen viele organische Verunreinigungen folgenlos. Das Recycling von Altglas findet seine Grenzen darin, dass kleine Mengen von farbigem Glas, Bleiglas oder hitzebeständigem Glas die gesamte Charge verderben können. Deswegen wird Flachglas aus ungebrauchten Stoffen und Glasbruch aus dem Glaswerk gewonnen. Die Gläser aus dem Flaschencontainer werden vorwiegend Verpackungen und auch Dämmstoffe.

Flachgläser können durch die Rezeptur der Schmelze oder mit Zugaben für bestimmte Eigenschaften optimiert werden. Zusätze von anderen Elementen, wie Blei oder Bor, machen Glas schwerer oder weniger lichtdurchlässig oder verringern die Wärmedehnung, was sich dann am Bau als Schallschutz, Sonnenschutz oder für mehr Hitzebeständigkeit ausnutzen lässt.

Flachgläser können mit organischen oder metallischen Überzügen beschichtet werden, um ihre physikalischen Eigenschaften zu verändern. Die Silberbeschichtung der Rückseite macht aus Flachglas einen Spiegel. Beschichtungen – nicht nur mit Silber – bewirken nicht nur den Einwegspiegel, sondern auch Wärmedämmung, Sonnenschutz oder dekorative Effekte.

Floatglas wird mit Farbe bedruckt, mit Glasschmelze emailliert, geätzt, geschliffen, gestrahlt, gebogen, gebohrt, geschnitten und zu Isolierglas oder Sicherheitsglas weiterverarbeitet. Mehrere Scheiben mit ganzflächig klebenden Folien und oder Harzen zusammengepresst ergeben Verbundgläser für Sicherheits- und Schallschutz-Anforderungen usw. Dazu weiter in den Kapiteln.

Glas wird traditionell zugeschnitten, indem es mit dem Glaser-Diamant geritzt und dann am Ritz gebrochen wird. Die unbearbeitete Glaskante hat scharfe Kanten. Die glatte Bruchfläche weist wellenförmige Unebenheiten auf, die sogenannten Wallnerlinien. Die Bruchfläche kann geschliffen werden und am Rand facettiert. Dabei können die Kanten gefast (sprich gebrochen) werden. Eine höhere Anforderung ist die ganzflächig bearbeitete Kante. Nur poliert verliert die Kante ein vom Schleifen mattes Aussehen. Die Zuschnitte müssen nicht rechteckig sein. Formate, wie Dreiecke, Trapeze, Rundungen usw., heißen Modellscheiben.

Bohrungen und Ausschnitte werden hergestellt. Bohrungen wurden traditionell unter Wasser gebohrt, um Hitzespannungen des Bohrers abzuleiten. Zunehmend werden Schnitte und Bohrungen mit dem scharfen Wasserstrahl hergestellt.

Acrylglas ist kein Glas, sondern ein durchsichtiger Kunststoff. Zur sicheren Unterscheidung heißt Glas auch nach dem hauptsächlichen Bestandteil Silikatglas. Die Entwicklung wird in Zukunft die definitorischen Grenzen zwischen Glas, Keramik, Metall und Kunststoff infrage stellen. Das Kochfeld aus Glaskeramik ist nur ein Anfang. Glaskeramik ist zum Beispiel ein anorganisches Schmelzprodukt, welches beim Abkühlen wie Glas erstarrt, jedoch auskristallisiert. Diese Kristalle erinnern an das Sintern von gebrannten Tonprodukten, was zu dem Zwitterbegriff Glaskeramik führt. Glaskeramik verliert dabei einen Teil seiner Transparenz, gewinnt aber Hitzebeständigkeit. Der Faden der hybriden Stoffe wird hier noch nicht weitergesponnen.

1.3 Isolierglas

Die vorherrschende Verarbeitungsform von Fensterglas ist in den Ländern mit dem sogenannten gemäßigten Klima das Isolierglas. Die fertigen Zuschnitte werden zu dem häufigsten Flachglasprodukt weiterverarbeitet: Mehrscheiben-Isolierglas. Zwei oder mehr Scheiben werden mit Abstandhaltern am Rand zusammengeklebt. Die Abstandhalter sind Leisten, früher zunächst Hartholz, später Metall und heute zunehmend auch Kunststoff (Silikonschaum oder gedämmte Hohlprofile). Letztere verringern die Wärmebrückenwirkung des Randverbunds. Das Zusammenschmelzen der Glasscheiben am Rand und das Löten der Gläser sind zurzeit nicht verbreitet.

Der Rand von Isolierglas verbindet drei Funktionen: Kleben, Dichten und Trocknen. Der Abstandhalter wird mit einer Primärabdichtung mit den Glasscheiben verklebt und mit einer Sekundärabdichtung versiegelt. Zu den Dicht- und Klebstoffen siehe Kapitel 1.7. Am Randverbund ist ein Trocknungsmittel (zum Beispiel Silikagel) aufgetragen, welches stark hygroskopisch Wasser bindet, das in das Füllgas im Scheibenzwischenraum eingedrungen ist. Wird der Randverbund undicht, kann Wasser oder Dampf in den Scheibenzwischenraum eindringen. Ist die Aufnahmefähigkeit des hygroskopischen Randverbunds erschöpft, kondensiert weiter eindringendes Wasser an den Glasoberflächen. Die Scheibe wird dann trübe und ist auszuwechseln.

Abb. 6: Im Scheibenzwischenraum beschlagenes Isolierglas

Die Gasfüllung im Scheibenzwischenraum war – was liegt näher – zunächst Luft. Es stellte sich heraus, dass die Gasfüllung – Luft, Argon, Krypton – einen der Höhe über dem Meer und dem Wetter bei Hochdruck oder Tiefdruckwetter folgenden Druck aufweist, der in anderer Höhenlage oder bei anderem Wetter die Glasscheiben o-Bein-artig aufbläht oder x-beinig zusammenzieht.

Das Füllgas wird sich wie jede Substanz im Sommer ausdehnen und im Winter zusammenziehen. Deshalb spiegeln die innere und die äußere Scheibe nicht ganz parallel, sodass der gespiegelte Adventskranz acht Kerzen zeigt. Luftdruck und -feuchte sind bei der Herstellung zu kontrollieren. Normen begrenzten die Einflussgrößen Temperaturänderung, Änderung des meteorologischen Drucks und Differenz der Höhe über dem Meer zwischen Produktionsort und Einbauort.

In der Glasbaunorm DIN 18008 – wie schon in der Vorgängerregel – werden die Randbedingungen aus Temperaturdifferenzen zwischen Herstellung und Einbauort, getrennt nach Sommer und Winter, Wetterlage und Ortshöhendifferenz zwischen Produktionsort und Einbauort (Grenze der Abweichung von +600 Höhenmetern im Sommer und –300 Höhenmetern im Winter) definiert. Die Temperatur im Gebrauch darf im Sommer nicht mehr als 20 °C höher sein als die Herstellungstemperatur und im Winter nicht mehr als 25 °C kälter. Zusätzlich sind die Glasart, der Sonnenschutz und die Gebäudeheizung zu berücksichtigen. Dazu kommen Grenzen für das Seitenverhältnis von Breite und Höhe der Scheiben. Die lange Seite kann größere Verformung aufnehmen als die kurze Seite. Seitenverhältnisse von – je nach Hersteller und Glasart – 1:3 bis 1:5 verlangen dickere Gläser und festere Glasarten.

Folgende Faktoren sind besonders zu berücksichtigen:

- zweifach Isolierglasscheiben unter 50 cm Kantenlänge,
- dreifach Isolierglasscheiben unter 70 cm Kantenlänge,
- Scheiben mit Seitenverhältnis größer als 3:1,

- asymmetrischer Scheibenaufbau (siehe Schallschutz),
- Scheiben mit großem Scheibenzwischenraum,
- Scheiben mit erhöhter Wärmeabsorbtion (>30 %),
- Temperaturdifferenz innerhalb der Glasfläche,
- zusätzliche Beschattung,
- Einbauten im Scheibenzwischenraum (Jalousien, Lichtlenkraster, ...) und
- Ornamentglas, Drahtglas, ...

Die Gasfüllung im Scheibenzwischenraum bestimmt wesentlich die Schalldämm- und Wärmedämmwerte, aber auch die Art der Kleber und Dichtmassen. Die wirksamste Gasfüllung ist neuerdings kein Gas: das Vakuum.

Handelsübliche Isoliergläser verbesserten in den 60er-Jahren des 20. Jahrhunderts den Wärmedurchgangskoeffizienten (U-Wert) von Einfachverglasungen von ca. 5 W/(m^{2}K) um fast die Hälfte, welcher durch Beschichtungen und Gasfüllungen seit den 80er-Jahren des 20. Jahrhunderts erneut halbiert wurde und seit der Jahrtausendwende eine weitere Halbierung erlebt. Aktuell liegen die erzielten U-Werte bei 0,5 bis 0,7 W/(m^{2}K). Der kleinere Wert ist der bessere. Isolierglasscheiben aus mehr als zwei Scheiben mit zwei Scheibenzwischenräumen sind alltäglich geworden. Die mittlere Scheibe aus Gewichtsgründen aus Kunststoff, zum Beispiel Polycarbonat, zu fertigen, hat sich nicht durchgesetzt.

1.4 Einscheibensicherheitsglas

Lange, spitze und scharfkantige Glasscherben können Menschen verletzen.

Abb. 7: Bruch von Floatglas

Dagegen hilft Glas, das in kleine Krümel zerbröselt, fachsprachlich nicht grob brechendes Glas. Dieses Einscheibensicherheitsglas ist die eine wichtige Art von Sicherheitsglas. Die andere ist das Verbund-Sicherheitsglas siehe Abb. 67. Zur Herstellung von Einscheibensicherheitsglas ESG wird Floatglas, aber auch Gussglas, durch Erwärmen auf ca. 620 °C und gezieltes Abkühlen mit Luft in einen Zustand innerer Vorspannung versetzt, der zugleich die Bruchfestigkeit erhöht und bei Bruch das Glas in ungefährliche Krümel zerfallen lässt. Das Ergebnis heißt Einscheibensicherheitsglas (ESG nach DIN EN 12150). Allerdings zerfällt dieses Glas auch dann in viele kleine Krümel, wenn seine Oberflächenspannung versehentlich angeritzt wird. Der Raumabschluss durch das Glas geht verloren. Das hat den Nachteil, dass eine Resttragfähigkeit etwa in Glasdächern nicht besteht. Die Krümel krümeln herab. Daraus ergibt sich auch, dass ESG nach dem Vorspannen nicht geschnitten, gebohrt oder sonst wie in der Form nachgearbeitet werden kann. Maßkorrekturen sind nicht möglich. ESG wird zweckmäßig in der Nähe des Einbauorts hergestellt.

Für den Bauprozess ist hilfreich, dass heute Gläser auch nach dem Beschichten noch temperiert und somit vorgespannt werden können. Das in industrieller Menge fertig beschichtete Glas wird für das Einzelbauvorhaben geschnitten, gebohrt, geschliffen und gebogen, dann vorgespannt und auch zu Isolierglas oder Verbundglas zusammengeklebt und in den Rahmen eingefügt. Die mögliche Reihenfolge der Arbeitsschritte Vorspannen nach Beschichten ermöglicht eine einheitliche Farbqualität der Charge und bestimmt die Bauzeit und den Bauablauf.

Einscheibensicherheitsglas ESG macht sich die Tatsache zunutze, dass Glas wesentlich druckfester ist als zugfest. Die Grundidee ist dieselbe wie bei Spannbeton. Beim Abkühlen mit Luft erstarrt die Oberfläche vor dem Glaskern. Beim weiteren Abkühlen des Glaskerns verkürzt sich die Scheibe. Die bereits zuvor erstarrte Glasoberfläche gerät unter eine Vorspannung. Bei Biegebeanspruchung eines Bauteils gibt es normalerweise eine Druckseite und eine Zugseite. Auf der Druckseite erhöht sich bei ESG die Druckspannung. Auf der Zugseite wird erst der vorgespannte Druck abgebaut, bevor Zug wirksam wird. Das Glas wird also so vorgespannt, dass bei den üblichen Biegebeanspruchungen die Oberfläche auch auf der konkaven Seite der Durchbiegung im Druckbereich bleibt. Damit ist dieses Glas wesentlich belastbarer als nicht vorgespanntes Floatglas. Die aufnehmbare Biegespannung ist deutlich höher als bei nicht vorgespanntem Floatglas.

Ein Sonderproblem von ESG ist inzwischen (fast) gelöst. Spektakuläre Fotos von spontanen Glasschäden an Wolkenkratzern haben die Öffentlichkeit verschreckt. Als Ursache hat sich herausgestellt, dass unvermeidbare Einschlüsse von Nickel und Schwefel sich im Schmelzvorgang zu Nickelsulfid-Kristallen verbinden, die unter dem Einfluss von Wärme ihr Volumen vergrößern. Das bleibt in Floatglas folgenlos. Zusammen mit der hohen Vorspannung von ESG zerreißt die Volumenvergrößerung ESG von einem Sekundenbruchteil zum anderen. Da es nicht gelingt, diese Einschlüsse bei der Herstellung zu erkennen, werden die Glastafeln auf ca. 300 °C erhitzt, um diesen Effekt willkürlich herbeizuführen. Heißgelagerte Scheiben sollen diesen Schaden am Bau nicht mehr erleiden können. Für sicherheitsrelevante Verglasungen muss ESG heißgelagert sein. Die Eigenschaft soll am Produkt dauerhaft gekennzeichnet werden, was leider gelegentlich versäumt wird.

Abb. 8: Bruchbild ESG

Abb. 9: »Schmetterling« im ESG [Quelle: Raach]

Es werden alle Glastafeln erhitzt und nicht nur Stichproben. Dabei gehen Scheiben mit Nickelsulfid-Einschlüssen zu Bruch und müssen neu gefertigt werden. Diese europäisch genormte (EN 14179-1) Heißlagerung umfasst die Füllung des Testofens, die Glastemperatur, die Aufheizphase, die Haltephase von vier Stunden und die Abkühlphase. Die Heißlagerung (englisch heat-soak-test) darf nicht zu heiß werden, damit sie die Vorspannung des ESG nicht aufhebt. Das Ergebnis ist zu zertifizieren. Der Prüfbericht wird an zentraler Stelle hinterlegt. Trotz des hohen Aufwands bleibt ein Restrisiko. Der Hersteller Pilkington hielt vor Jahren die Heißlagerung noch für 99 % erfolgreich, was heißt, dass auf 400 Tonnen Glas oder 20 000 m² 8 mm dickes Glas ein unentdeckter Einschluss übrig bleibt. Die Menge kann an einem einzigen größeren Bürogebäude leicht überschritten werden. Neuere Untersuchungen sehen die Menge der unentdeckten Einschlüsse optimistischer eher im Promill- als im Prozent-Bereich.

Das Schadensbild des Spontanbruchs durch Nickelsulfid-Treiben ist an einem charakteristischen Rissbild, dem sogenannten Schmetterling, gut zu erkennen, was in der Praxis häufig daran scheitert, dass die Krümel eines geborstenen ESG als loser Haufen am Boden liegen und zusammengekehrt werden.

Abb. 10: Reste einer geborstenen ESG-Scheibe

Der Heat-Soak-Test ist nicht durch das Aufkleben einer Folie zu ersetzen. Mit Folie würde die Resttragfähigkeit nicht in ausreichender Weise hergestellt, denn im Falle des Versagens würden nicht Krümel herabfallen, sondern zusammengeklebte Teile. Folie kann aber mit einem »sicheren Bruchverhalten« vor Verletzungen schützen.

Das Vorspannen von ESG erfolgte früher wie die Flachglasherstellung im vertikalen »Hängeverfahren«, wovon Zangeneindrücke zurückblieben. Seit ESG horizontal liegend vorgespannt wird, entfallen die Zangeneindrücke. Bei der Rollenlagerung darf ESG nicht zu heiß sein, sonst bleiben Abdrücke und Wellen der Rollenlagerung auf der Scheibenoberfläche zurück. Optische Spuren auf ESG sind nicht restlos vermeidbar. Die optische Oberflächenqualität erreicht nicht die Eigenschaften von Float.

1.5 Teilvorgespanntes Glas

Teilvorgespanntes Glas (TVG) ist ein Kompromiss. Es zerbröselt nicht so kleinteilig wie ESG. Deswegen ist es kein »nicht grob brechendes Glas«. Teilvorgespanntes Glas wird hergestellt wie ESG, jedoch langsamer abgekühlt. Es entwickelt eine geringere Vorspannung als ESG. Es benötigt deshalb keinen Heißlagerungstest. TVG hat eine geringere Biegefestigkeit als ESG, aber eine größere als Floatglas. Die Temperaturwechselbeständigkeit ist höher als die von Floatglas. Das Bruchbild ähnelt dem des Floatglases. Daraus ergeben sich konstruktive Vorteile für tragende Konstruktionen aus Glas besonders im Verbund von mehreren TVG zu Verbund-Sicherheitsglas. Die DIN 18008 nimmt das Produkt TVG in den Kreis der national und europäisch genormten Produkte (DIN EN 1863-1) auf und befreit das Produkt von der Pflicht zu zahlreichen Zulassungen für einzelne Arten der Verwendung oder Konstruktion.

Abb. 11: Bruchbild TVG

Die Abgrenzung zwischen ESG, TVG und Float erfolgt tatsächlich nach der Größe der Bruchstücke. ESG zerbricht in sehr kleine Bruchstücke von weniger als 1 Zentimeter. TVG bricht zu größeren Scherben als ESG und zu kleineren als Float. Durch Auszählen der Bruchstücke und Ausmessen der größten Bruchstücke wird die Einstufung als TVG bzw. ESG geprüft und zertifiziert. Das Rissbild beim TVG zeigt einen typischen hakenförmigen Verlauf an der Kante. TVG wird in Dicken von 6 mm bis 12 mm angeboten.

Irreführend ist die Bezeichnung »gehärtetes Glas« für vorgespanntes Glas. Vorgespanntes Glas wird zwar gezielt mit Wärme und Kälte behandelt, wie gehärteter Stahl, das Glas wird dadurch aber nicht härter. Hart ist Diamant. Härte ist der Widerstand gegen einen Einpressversuch an der Oberfläche, und das ist keine Eigenschaft, in der vorgespanntes Glas dem Floatglas überlegen ist. Im Gegenteil wird bei einer solchen Einwirkung die Oberflächenspannung des vorgespannten Glases verletzt und es zerbröselt.

1.6 Mehrscheiben-Verbundglas

Mehrscheiben-Verbundglas (VG) besteht aus zwei oder mehr Glasscheiben, welche unter Wärme (140 °C) und Druck (ca. 14 bar) mit doppelseitigen Klebefolien bisher meistens aus Poly-Vinyl-Butyral (PVB) oder durch Gießharz verbunden sind. Die Folien werden auch farbig angeboten, auf Wunsch mit LED-Beleuchtung.

Die Füllung mit Gießharz kann mit Fasereinlagen oder Schaumeinlagen lichtlenkende, brandschützende, wärmedämmende oder schallschützende Aufgaben übernehmen. Der Verbund kann der Gestaltung, dem Brandschutz oder der Bruchsicherheit oder mehreren davon dienen.

Beim Verbund von dickeren oder mehr als zwei Scheiben entstehen Durchtrittsicherheit, Ballwurfsicherheit, Einbruchschutz, Schusssicherheit usw. bis hin zu tragenden und aussteifenden

Bauteilen, Fußböden und Treppenstufen. Verbundglas wird durch technische Merkmale (Dicke der Verbundfolie) und genormte Zerstörungsversuche zu Verbund-Sicherheitsglas. Der Schritt vom Verbundglas zum Verbund-Sicherheitsglas wird empirisch mit einem genormten Pendelschlagversuch bestimmt. Dabei darf mit dem genormten Pendel nur eine größenbegrenzte Öffnung in die Scheibe geschlagen werden.

Verbund-Sicherheitsglas (VSG) erhöht die Sicherheit auf zweierlei Weise. Bei Bruch bleiben die Scherben an der Kunststofffolie haften, es lösen sich keine scharfen Scherben oder Splitter. Deswegen sind seit Jahrzehnten Autowindschutzscheiben aus Verbund-Sicherheitsglas gefertigt. Derselbe Gesichtspunkt gilt für Glasdächer, Türen mit Sicherheitsanforderungen, Brandschutz usw. Der Raumabschluss bleibt bestehen. Die gebrochene Scheibe kann immer noch Druckkräfte und die Folie kann Zugkräfte übertragen. Zusammen können Biegebelastungen abgetragen werden. Glasbrüstungen oder Glasdächer fallen nicht herab, eine Resttragfähigkeit ist gegeben. Das Glas bleibt auch nach dem Bruch im Rahmen.

Auch dieses Glas ist nicht unzerstörbar. Insbesondere ist die Verbundfolie zwischen den Glasscheiben wie andere Kunststoffe empfindlich gegenüber Durchnässen und UV-Strahlung. Der Randverbund muss deshalb unter vielfältigen Bedingungen geschützt werden.

VSG mit PVB-Folie ist genormt. PVB (Polyvinylbutyral) wird auf Dauer weich, durch Feuchte delaminiert und nimmt Wasser auf, was bei freien Glaskanten und in nicht trockenen Falzen zu Schäden führt (siehe Bilder 13 und 14). Dies hält die Industrie nicht davon ab, Gläser mit einer steiferen Zwischenlage, höherer Festigkeit und Beständigkeit gegen Feuchte mit entsprechenden Leistungsnachweisen anzubieten.

Abb. 12: Gesprungenes VSG hält den Raumabschluss aufrecht

Abb. 13: Ausgelaufene Verbundschicht eines Verbundglases [Quelle: Dilanas]

Auch VSG wird gebogen angeboten. An die Biegung können tangential gerade Flächen anschließen. Charakteristisch ist die »runde Ecke« zwischen zwei geraden Flächen, unverwechselbares Stilmittel der 1920er- und 1950er-Jahre und auch derzeit wieder in Mode.

Abb. 14: Erosion einer Brüstung aus VSG

Abb. 15: Runde Glasecke (links), gebogenes Glas (rechts) (Architekten Future Systems)

Mit neuer Technik werden in großem Umfang auch dreidimensional gebogene Gläser verfügbar. Diese sind nicht nur zylindrisch oder kegelförmig um eine Achse gebogen, sondern auch zum Beispiel kuppelförmig gebogen. Sichtbares Ergebnis der dreidimensionalen Biegung waren zuerst in mehreren Achsen gebogene Windschutzscheiben von Autos. Die Anwendung am Bau lies nicht lange auf sich warten (siehe Städel in Frankfurt oder Elbphilharmonie in Hamburg).

Abb. 16: Dreidimensional gebogenes Glas (Architekten Herzog & De Meuron)

Kalt gebogenes Verbundglas, das durch seine Harzschicht in der gekrümmten Form gehalten wird, ist im Fahrzeugbau verbreitet.

Der Scheibenaufbau von Verbundsicherheitsglas wird mit Kürzeln beschrieben als zwei Zahlen zwischen 2 und 19, gefolgt von einem Punkt und einer dritten Zahl, normalerweise zwischen 1 und 6. Die erste Ziffer ist die Scheibendicke der ersten Scheibe in Millimetern. Die zweite Ziffer gibt die Scheibendicke der zweiten Scheibe in Millimetern wider. Die dritte Ziffer ist die Dicke der Folie in 0,015 Zoll (1: 0,38 mm; 2: 0,76 mm)

Beispiele:

- VSG 33.1: 3 mm Scheibe + 0,38 mm Folie + 3 mm Scheibe
- VSG 44.1: 4 mm Scheibe + 0,38 mm Folie + 4 mm Scheibe
- VSG 86.2: 8 mm Scheibe + 0,76 mm Folie + 6 mm Scheibe
- VSG 1212.4: 12 mm Scheibe + 1,52 mm Folie + 12 mm Scheibe

Anderswo (z. B. in Großbritannien) sind andere Schreibweisen üblich. Beispiele:

- 6.4 = 2 × 3 mm Glas und 0,4 (0,38) mm Folie
- 8.8 = 2 × 4 mm Glas und 0,8 (0,76) mm Folie
- 11.5 = 2 × 5 mm Glas und 1,5 (1,52) mm Folie
- 12.8 = 2 × 6 mm Glas und 0,8 (0,76) mm Folie
- 13.5 = 2 × 6 mm Glas und 1,5 (1,52) mm Folie

VSG ist in DIN EN 12600 genormt.

1.7 VSG aus ESG und TVG

Es lag auf der Hand, die Sicherheitsgewinne von VSG und ESG zu kombinieren. Mehrere Lagen ESG wurden zu VSG zusammengeklebt. Das Ergebnis erfüllt die Anforderung an die Splitterbindung, zeigt aber Schwächen bei der Resttragfähigkeit. Resttragfähigkeit bezeichnet bei Glas die Fähigkeit, nach dem Bruch nicht aus dem Rahmen zu fallen und den Raumabschluss über eine bestimmte Zeit zu sichern. Ein Raumabschluss wird von Horizontalverglasungen aus VSG aus ESG nicht aufrechterhalten, weil das Glas aus dem Rahmen fällt. Die Splitterbindung ist allerdings sehr gut. Schadensfälle belegen, dass sich VSG aus ESG wie ein Tuch weich auf den Untergrund ausbreitet. VSG aus ESG kann in vertikalen Verglasungen eine ausreichende Resttragfähigkeit erzielen.

Die Empfindlichkeit der Oberfläche von VSG aus ESG gegen Ritzen zeigt sich nicht nur an der großen Oberfläche, sondern auch an der Kante. Die Empfindlichkeit gilt auch für die mittlere Scheibe von Dreifachverbundglas. Dies setzt der Verwendung von Verbundglas aus vorgespanntem Glas ohne Kantenschutz konstruktive Grenzen.

Abb. 17: Horizontalverglasung aus VSG aus ESG faltet sich wie ein Tuch

Abb. 18: VSG aus ESG beweist als Vertikalverglasung ausreichende Resttragfähigkeit

Mit VSG aus TVG gelingt es, die Splitterbindung und Reststandsicherheit von VSG mit der erhöhten Biegefestigkeit von TVG zu verbinden. Der Verbund aus den kompakteren Bruchstücken des TVG und der Folie begründet die Eignung für viele hoch beanspruchte Anwendungen. VSG aus TVG behält bei Bruch eine Resttragfähigkeit, bei der die Folie Zugkräfte und der an der Folie fest haftende Glasbruch Druckkräfte übernehmen können.

Drahtglas, welches vor langer Zeit das einzige verfügbare Sicherheitsglas war, spielt heute als Sicherheitsglas keine bedeutende Rolle mehr.

1.8 Dicht- und Klebstoffe

Drei Schnittstellen werden von Klebern und Dichtmassen bestimmt:

- zwischen Glas und Glas im Isolierglas (siehe oben),
- zwischen Glas und Rahmen und
- zwischen Fensterrahmen und Gebäude.

Dichtstoffe sollen – wie der Name sagt – dicht abschließen, aber auch thermische, hygrische, altersbedingte und lastbedingte Bewegungen entkoppeln, Klappern und Vibrieren dämpfen, und das alles auf Dauer. Die Beständigkeit der Kleber und Dichtmassen gegen Wasser und UV-Strahlung, ihre Verformbarkeit und Rückstellvermögen, ihre Alterung und Versprödung bestimmen konstruktive Aspekte der Fassadenplanung.

Jedes Material setzt der Verformbarkeit Grenzen. Dichtstoffe werden nach dem Rückstellvermögen unterschieden. Elastische Dichtstoffe kehren nach einer Verformung in ihre ursprüngliche Form zurück. Plastische Dichtstoffe ändern bei Krafteinwirkung dauerhaft ihre Form. Gar keine Rückstellvermögen haben dauerplastische Dichtstoffe wie zum Beispiel Butyl, welches als Klebeband aus Polyisobutylen unter der Anpressleiste von Pfosten-Riegel-Konstruktionen verarbeitet wird. Das Band wird von den Rippen der Anpressdichtung flach gedrückt und entwickelt keine Rückstellkräfte. Braucht es auch nicht, denn dafür sorgt in Arbeitsteilung die Gummidichtung.

Die Dichtstoffe werden nach dem Maß der Rückstellfähigkeit in Kategorien von A für 0 % bis E für 60 % eingeteilt, für die im Fensterbau hohe Anforderungen gelten. Das Rückstellvermögen nutzt sich mit der Zeit und der Zahl und Art der Verformungen ab. Das auf Dauer nutzbare Rückstellvermögen ist in Merkblättern und Normen auf nur 25 % begrenzt, bei Zweikomponenten-Acryl nur auf 10 %. Daraus lässt sich ersehen, wie wenig Bauteilbewegung eine nur wenige Millimeter breite Fuge aufnehmen kann, beziehungsweise wie breit eine Fuge sein müsste, um die in Kapitel 2.3 dargelegten Bauteilbewegungen aufnehmen zu können.

Dichtstoffe werden nach ihrer Rohstoffbasis unterschieden, nach ihren technischen Eigenschaften und nach dem Abbinden an der Luft oder dem Abbinden unter Einwirkung einer zweiten Komponente.

Es gibt Dichtstoffe auf der Basis von

- Ölen (Leinöl, Ölkunststoff-Kombinationen...),
- Polyisobutylen (PIB), Butyl,
- Acryl,
- Polyurethan,
- Silikon,
- Polyether,
- MS-Polymere (Hybriddichtstoffe...)

Polyisobutylen (kurz Butyl, PIB)

Dicht- und Klebstoffe (nicht zu verwechseln mit Butylkautschuk) erhärten mit Luftfeuchtigkeit oder mit Härter. Sie bleiben dauerplastisch verformbar, witterungsbeständig, alterungsbeständig und temperaturbeständig im mittleren Bereich. Sie zeichnen sich durch eine äußerst geringe Wasserdampfdiffusion sowie Gaspermeation aus und sind ohne Stabilisatoren nicht UV-beständig. Hauptanwendungsgebiete sind die Primärabdichtung von Isolierglas (Kleber zwischen Glas und Abstandhalter).

Polysulfide

Polysulfide, bekannt unter dem Handelsname Thiokol, binden einkomponentig mit der Luftfeuchtigkeit ab, bei zweikomponentigen Formulierungen mit einem Härter. Bei Abriss und Umbau trifft man noch auf Polysulfide, die in der Vergangenheit mit dem krebserregenden Weichmacher PCB verarbeitet wurden. Nach dem Abbinden sind Polysulfide wasserfest, seewasserfest, ozonbeständig und in hohem Maße gas- und feuchteundurchlässig. Die UV-Beständigkeit fehlt in der Liste der besonders hervorzuhebenden positiven Eigenschaften. Polysulfide binden langsam ab, bei Kälte noch langsamer, bei Wärme schneller. Das ungünstige Verhalten bei Kälte bleibt als Ursache der Challenger-Katastrophe in Erinnerung. Verwendet werden Polysulfide im Isolierglas zwischen Abstandhalter und Glasrand (Sekundärabdichtung), wo sie im Fenster durch den Glasfalz lichtgeschützt sind.

Silikone

Mit der Luftfeuchtigkeit reagieren Silikone zu elastischem Silikongummi. Silikone werden speziell formuliert für die saure Vernetzung auf Glasuntergründen, (den Essiggeruch kennt man am Bau) die neutrale Vernetzung auf Metalluntergründen und die alkalische Vernetzung auf mineralischen Untergründen, wie Beton.

Sie sind UV-stabil und witterungsbeständig, sehr temperaturbeständig (Wärme und Kälte) und langlebig. Silikone weisen eine deutlich höhere Wasserdampf- und Gasdurchlässigkeit auf als andere Dichtstoffe.

Anwendungsfertige Einkomponenten-Silikone werden auf der Baustelle als freiliegende Versiegelungsfase und elastische Fuge verarbeitet. Zweikomponentige Silikone werden im Werk als Sekundärabdichtung für den Randverbund von Isolierglas (zum Beispiel »warm edge« mit polymeren Abstandhaltern) und geklebter Verglasung verwendet.

Acrylate

Ein- und zweikomponentige Acrylate binden durch Verdunstung des enthaltenen Wassers bzw. Lösungsmittels ab, nicht durch chemische Reaktionen. Sie sind UV- und temperaturhärtend.

Die Verdunstung wird von Wärme gefördert. Ein Volumenschwund beim Abbinden durch die Verdunstung des Wassers oder Lösungsmittels muss berücksichtigt werden. Vor der Erhärtung sind Acrylate frostempfindlich. Sie sind exzellent UV-, witterungs- und temperaturbeständig, transparent, einstellbar als Schutz vor UV-Strahlung oder für eine hohe UV-Transmission einsetzbar.

Hauptanwendungsgebiete als Dichtstoffe und Klebstoffe sind Glasecken, Glasfalze, Structural glazing und Wetterversiegelungen.

Am Fenster werden Acrylate für die Innenabdichtung der Fenstereinbaufuge und als Gießharze in Verbundglas mit Schalldämmeigenschaft eingesetzt. Die Abgabe von Wasser macht Dispersionsklebstoffe untauglich für das Versiegeln von Hohlräumen, wie zum Beispiel im Isolierglas. Acrylate haften hervorragend auf unterschiedlichen Untergründen und vertragen sich mit Beschichtungen und sind deshalb beim Maler beliebt.

Polyurethane

Polyurethane werden ein- und zweikomponentig eingesetzt und erhärten mit Luftfeuchtigkeit, wobei Kohlendioxid freigesetzt wird (kann bei großen Materialstärken Blasen bilden). Niedrige Wasserdampfdiffusion und Gaspermeation zeichnen Polyurethane ebenso aus wie ihre Witterungs- und Temperaturbeständigkeit sowie ihre hohe Lichtstabilität. Ihre Verträglichkeit mit anderen Dicht- und Klebestoffen ist begrenzt. Ursprünglich waren sie quecksilberhaltig, sind aber nun auch quecksilberfrei verfügbar. Hauptanwendungsgebiete sind Primär- und Sekundärdichtungen von Isolierglas, Glasecken, Glasfalze, Structural glazing, Verklebung von Glas im Falzgrund sowie Heat-Mirror-Isolierglaseinheiten.

Polyether

MS-Polymerdichtstoffe oder Hybrid-Dichtstoffe binden mit der Luftfeuchtigkeit ab, sind silikonfrei, lösemittelfrei, isocyanatfrei und sind weder Polyurethane noch Silikone. Sie sind primerlos haftend, ohne Schadstoffe, elastisch sowie UV-, Wetter-, Wasser- und salzwasserbeständig. Es besteht eine begrenzte Verträglichkeit mit anderen Dicht- und Klebestoffen. Hauptanwendungsgebiete sind bei Isolierglas, Glasecken, Glasfalz und structural glazing.

Thermoplastische Kunststoffe

Durch Abkühlen erstarren thermoplastische Kunststoffe und werden durch Wärme wieder veränderlich. Sie zeichnen sich durch äußerst geringe Wasserdampfdiffusion und Gaspermeation aus. Anwendung finden sie als Abstandhalter »warme Kante«.

Produkte

Die Produkte können in großer Vielfalt formuliert werden und die Eigenschaften stark abweichen. Bei allen Klebe- und Dichtstoffen sind die Herstellermerkblätter zu beachten. Die Rezepturen werden von den Herstellern ständig weiterentwickelt und nicht vollständig veröffentlicht. Die Regelwerke (DIN 18545-2) beziehen sich nicht auf die Ausgangsstoffe, sondern schreiben die Anforderungen vor.

- Rückstellfähigkeit (Dehnspannungswert)
- Abbindeverhalten chemisch, an der Luft, weichbleibend
- Verträglichkeit mit anderen Stoffen (Baustoffe, Naturstein, andere Dichtstoffe, Beschichtungen)
- Innenanwendung, Außenanwendung

So steht in keinem Regelwerk im Zusammenhang, dass der eine Kleber besser gasdicht ist, und der andere besser UV-beständig, weshalb Gläser ohne Randabdeckung eher schlechtere U-Werte erreichen als solche mit Randabdeckung. Profildichtungen werden an den Ecken verklebt. Obere Dichtungsecken werden mit hitzebeständigem Kleber verbunden, untere Dichtungsecken mit wasserbeständigem Kleber. In der Verarbeitungsanleitung stehen nur zwei verschiedene Bestellnummern aber keine Begründung. Wird die Dichtung »kopfüber« eingebaut, versagt sie ohne offensichtlich erkennbaren Grund.

Dichtstoffe heißen anstrichverträglich, wenn sie auf beschichteten Flächen eingesetzt werden können, ohne die Beschichtung anzugreifen, und heißen überstreichbar, wenn die Farbe auf dem Dichtstoff hält. Auch überstreichbare Dichtstofffugen dürfen in der Regel nicht ganzflächig überstrichen werden, weil der Dichtstoff elastischer ist als die Beschichtung, was zum Abwerfen der Beschichtung führen muss. Holzfenster müssen ihre ersten Beschichtungen ganzflächig vor dem Verglasen erhalten.

Lange waren die Randverbünde vornehmlich mit dem sehr gut haftenden Butyl-Dichtstoff am Abstandhalter angeklebt und angedichtet, der gas-, dampf- und wasserdicht ist, aber nicht UV-beständig, und mit dem vielseitigen Polysulfid-Dichtstoff sekundär abgedichtet (versiegelt), welcher ebenfalls weder UV-beständig noch geeignet für Fugen ist, die dauerhaft unter Wasser liegen. Diese Randverbünde müssen vor Licht und Wassereinwirkung geschützt werden. Im Glasfalz darf kein Wasser stehen. Nicht gegen UV-Strahlung der Sonne beständige Kleb- und Dichtstoffe müssen durch Rahmen oder Bedrucken oder Emaillieren abgedeckt werden. Moderne Kleb- und Dichtstoffe, die mit UV-Licht gezielt aushärten, ermöglichen geklebte und zugleich dichte Nur-Glas-Ecken.

Zu beachten ist die gegenseitige Verträglichkeit der eingesetzten Produkte. Die gegenseitigen Reaktionen der Dichtstoffe und Klebstoffe sind für die Kombination von Fugenmassen mit Verbundfolien oder Gießharzen in VSG, Brandschutzeigenschaften contra Absturzsicherung, und viele andere maßgeblich. Chemische Belastungen in Betrieben oder besondere

Reinigungsverfahren sind bei der Auswahl der Dichtstoffe zu berücksichtigen. Die Bestandteile der Dichtstoffe sollen nicht mit Schlieren die optischen Eigenschaften des Glases stören.

Für die Anwendung im Fensterbau ist die zulässige Schrumpfung der Dichtstoffe begrenzt. Zum Eignungsnachweis wird Alterung durch Licht und Temperatur simuliert. Beim Versuch bis zum Versagen werden der Adhäsionsbruch an der Klebefläche und der Kohäsionsbruch im Dichtstoff unterschieden. Von Dichtstoffen wird verlangt, dass sie am Glas und am Verlegeuntergrund so gut haften, dass im Falle eines Bruchs der Bruch zu 90 % im Dichtstoff und nicht an der Kontaktfläche auftritt.

Dichtstoffe halten in der Regel weniger lange als Gebäude, wenn auch Abdichtungen von Verglasungen ihre Aufgabe jahrzehntelang erfüllen können. Dichtstoffe müssen rechtzeitig erneuert werden, woraus der schillernde Begriff der Wartungsfuge abgeleitet wurde. Die Ausrede der Wartungsfuge wird aber häufig für verpfuschte Abdichtungen missbraucht. Auch Wartungsfugen sollen ihre planmäßige Lebensdauer erreichen.

Analog zu den Dichtstoffen ist die Einteilung der Dichtungsbahnen aufgebaut, soweit diese als Vorlegestreifen und Dichtungsbänder unter Andruckprofilen eingesetzt werden.

Im Gegensatz zum vollständig gefüllten Glasfalz der Vergangenheit, liegen Verglasungen heute zwischen Dichtprofilen, die zum Teil an der Wetterseite mit Dichtstoffen (siehe oben) abgedichtet werden.

Verglasungen in Dichtprofilen ohne Abdichtung mit Dichtstoffen heißen traditionell im Gegensatz zu Abdichtungen »aus der Tube« auch Trockenverglasungen. Umgekehrt heißen die Verglasungen in Dichtstoffen Nassverglasungen. Dichtprofile werden bevorzugt aus synthetischem Kautschuk (Abkürzung EPDM) oder Silikon hergestellt.

1.9 Bestandteile von Fenstern

Rahmen

Glas wird nur sehr selten unmittelbar am Baukörper befestigt. Die Wallfahrtskirche in Ronchamps bleibt wie überhaupt die Architektur von Le Corbusier auch in dieser Beziehung eine Ausnahme. Ein Rahmen nimmt Glas in einem Falz auf und befestigt es am Gebäude zur Aufnahme der Kräfte aus Last und Wind. Derselbe Rahmen entkoppelt Glas von den Bauteilbewegungen des Gebäudes durch Schwinden, Kriechen, Schrumpfen, Quellen unter den Einwirkungen von Last, Alter, Feuchte und Temperatur. Zusätzlich kann der Rahmen das Glas zeitweilig vom Gebäude lösen, um hindurchzutreten, zu lüften oder zu retten. Rahmen werden vorwiegend aus Holz, Stahl, Aluminium und Kunststoff hergestellt. Vorwiegend heißt, dass es auch Bronze, Beton und andere geben kann.

Abb. 19: Glas direkt in Beton eingefügt (Architekt Ito)

Holz

Holzbauteile sind in Faserrichtung beständig und quer zur Faser beunruhigend veränderlich. Holz ist in Faserrichtung fest, dehnt und verkürzt sich wenig unter dem Einfluss von Wärme und Kälte, quillt und schwindet wenig unter dem Einfluss von Feuchte und Trockenheit. Quer zur Faser ist es genau umgekehrt. Holzbaudetails beruhen auf Jahrhunderte langer Erfahrung mit diesen Besonderheiten.

Holzfenster werden aus heimischem Nadelholz oder aus exotischen Laubhölzern hergestellt. Die Beständigkeit von Holz gegen die wechselnde Beanspruchung von Wasser und Luft ist begrenzt, wenn auch kalkulierbar. Die Fäulnisresistenz heimischer Laubhölzer, deren Kosten und Gewicht begrenzen deren Verwendung. Europäisches Nadelholz hat eine hohe Tragfähigkeit, ausreichende Fäulnisresistenz und weist eine homogene Struktur auf. Nachteilig ist gelegentlich ein zu hoher Harzgehalt. Holz mit Harzgallen ist auszusortieren, wird aber manchmal erst nach dem Einbau erkannt.

Die Harze an der Oberfläche des Holzes verdunsten unter Sonnenstrahlung bis die leere Zellulosehülle zurückbleibt, welche im Winter unter dem Einfluss von Regen und Wind verrottet. Das passiert übrigens der alpinen Berghütte nicht, weil deren Holz im Winter gefriergetrocknet wird, wie Instantkaffee. Die Hoffnung, gleiche Dauerhaftigkeit im regnerischen Flachland zu erwarten, muss enttäuscht werden. Holz für maßhaltige Anwendungen, wie den Fensterbau, ist mit Beschichtungen gegen Witterung – Sonne und Regen – zu schützen. Schutz gegen Sonne verlangt eine Pigmentierung, die den Farbfilm lichtdicht, also weitgehend undurchsichtig, macht. Der Industrie ist es aber gelungen, getönte Farbfilme herzustellen, die eine Restanmutung von Holz durchahnen lassen.

Abb. 20: Kernholz und Splintholz

Die Schutzwirkung von lichtdichten mehrlagigen Beschichtungen reicht regelmäßig etwa 10 Jahre. Nur dekorative unpigmentierte lasierende Beschichtungen erreichen eine Lebensdauer von zwei Jahren, ohne so lange Holz ausreichend zu schützen. Unter dunklen Beschichtungen heizt sich Holz wesentlich stärker auf als unter hellen Beschichtungen, was die Lebensdauer neben der Himmelsrichtung wesentlich beeinflusst. Die Schichtdicke der Beschichtungen ist ebenfalls geregelt. Planung der Intervalle siehe BFS-Merkblatt Nr. 18 (siehe Anhang).

Die exotischen Hölzer weisen eine deutlich höhere Fäulnisresistenz auf als heimische Nadelhölzer. Jedoch unterscheiden sich Kernholz und Splintholz extrem in der Festigkeit. Das Kernholz ist so fest, dass es Werkzeugmacher früher Eisenholz genannt haben. Das Splintholz ist so weich, dass man daraus Zigarrenkistchen bauen und Modellflugzeuge basteln, aber keine Fenster herstellen kann.

Die Handelsform tropischer Schnitthölzer ist nur unvollständig sortiert. Der Fensterbauer muss das angelieferte Holz zusätzlich sortieren. Für Fenster dürfen nur an verdeckten Teilen innen kleine Anteile Splintholz verwendet werden. Sonst wachsen nach wenigen Jahren Pilze aus dem Rahmen.

Die Herstellung von Holzfenstern hat eine lange handwerkliche und inzwischen auch industrielle Tradition. Es ist das Wesen von Tradition, nur teilweise niedergeschrieben zu sein. Holzrahmen verleimen – ob man will oder nicht – an jeder Ecke quer zur Faser geschnittenes und längs zur Faser geschnittenes Holz miteinander, welche wie einleitend geschrieben, sehr unterschiedliche physikalische Eigenschaften aufweisen. Wie an genau dieser Stelle das Hirnholz (quer zur Faser geschnitten) mit V-Fuge und Fugensiegel vor Wassereintritt geschützt wird, entscheidet über die Lebensdauer von Holzfenstern.

Abb. 21: Nach nur 2 Jahren verrottetes Splintholz an einem Fenster

Abb. 22: Pilzwachstum auf verrottetem Splintholz eines Fensters

Richtig instand gehaltene Holzfenster beweisen in der Praxis ein langes Leben. Sie trotzen nicht nur dem Zahn der Zeit, sie werden auch technisch und energetisch aufgewertet und werden dann neuen Ansprüchen gerecht. Moderne Isolierverglasungen und zusätzliche Dichtungen bringen Jahrzehnte alte Holzfenster auf den aktuellen Stand der Technik. Holzfenster erweisen sich gerade in der Möglichkeit der Anpassung an neuzeitliche Standards als den Metall- und Kunststofffenstern überlegen. Die Stahlfenster des Bauhauses in Dessau sind viel weniger anpassungsfähig an neue technische Anforderungen als ganz normale Holzfenster. Die Ertüchtigung alter Holzfenster kann aber teurer werden als neue Kunststofffenster. Zwischen Kosten, Gestalt und Technik muss jede Planung ihren Weg finden.

Metall

Metallfenster faulen nicht wie Holz. Dem Vorteil stehen zahlreiche Nachteile gegenüber. Metall leitet Wärme. Metallfenster sind mit Kunststoffstegen thermisch getrennt. Dadurch geht die dank ihrer hohen Festigkeit mögliche Schlankheit verloren. Stahl rostet. Aluminium korrodiert beim Angriff zu saurer und zu alkalischer (Kalk, Zement ...) Stoffe. Metalle müssen beschichtet werden. Stahl kann verzinkt und oder am Bau oder im Werk lackiert werden. Aluminium wird eloxiert oder im Werk beschichtet. Die beschichteten Metalloberflächen sind im Bauablauf empfindlich, sie sind zu schützen. Werkseitig beschichtete Oberflächen können nach bauseitigen Beschädigungen nur beschränkt an der Baustelle repariert werden. Wenn Metallfenster erst mal die Bauzeit überstanden haben, sind sie langlebig.

Abb. 23: Alte und neue Stahlfenster (Hochschule Winterthur)

Kunststoff

Kunststoff fault nicht, rostet nicht, dämmt ohne thermische Trennung und wäre der ideale Fensterbaustoff, wenn das handelsübliche PVC nur sonnenlichtbeständig wäre. Früher hat man den Kunststoff mit Zusätzen, Weichmacher genannt, vor dem Vergilben und Verspröden bewahrt. In Weichmachern wurde oft das toxische Kadmium verwendet. Heute werden Kunststofffenster eher durch Folierung aus lichtbeständigem Kunststoff oder Aluminium vor Sonnenstrahlung geschützt. Das funktioniert bestens, aber mit den Nachteilen der geringen Reparaturmöglichkeit von Aluminiumoberflächen. Für alte und versprödete Kunststofffenster gibt es spezielle Anstrichsysteme, zum Ärger der Erwerber, die Kunststoff gewählt haben, um genau damit nie wieder zu tun zu haben.

Besondere Vorteile bieten zusammengesetzte Fenster aus Holz und Aluminium oder Kunststoff und Aluminium. Holz oder Mehrkammersysteme aus Kunststoff sorgen für Stabilität und Dämmung und eine äußere Aluminiumschale für den Regen- und Sonnenschutz. Weil die Aluminiumschale gleichzeitig Glashalteleiste sein kann, hat ein solches zusammengesetztes Fenster nicht mehr Teile als ein Fenster nur aus Holz oder nur aus Kunststoff. Bei geeigneter Konstruktion können sogar beschädigte Aluminiumabdeckungen ausgetauscht werden.

Abb. 24: Provisorische Glasbefestigung während der Bauzeit

Falz

Der Übergang zwischen Glas und Rahmen ist der Falz. Im Rahmen werden die Glasscheibe oder das Glaspaket in eine Ausnehmung eingelegt – den Falz – und dort mit Klötzen (siehe Kapitel 3.7) und einer Glashalteleiste fixiert. Können große Glashalteleisten bzw. -profile erst später in zusammenhängenden Abschnitten montiert werden, erfolgt zunächst eine provisorische Fixierung (Abb. 24).

Einfachfenster

Einfachfenster sind nicht unbedingt Fenster einfacher Bauart. Einfachfenster sind mit einer Scheibe oder mit einem Isolierglas verglast, im Gegensatz zu Verbundfenstern oder Kastenfenstern, die zwei Rahmensysteme miteinander verbinden. Einfachverglasung ist hingegen eine einfache Scheibe im Gegensatz zu Isolierglas.

Verbundfenster

Verbundfenster verbinden zwei Scheiben, gegebenenfalls auch zwei Isoliergläser, in gekoppelten Flügelrahmen, die nur zum Reinigen und Streichen getrennt werden müssen. Zweck der Konstruktion ist ein Fenster mit verbesserter Wärme- und Schalldämmung, das dennoch mit einem Griff geöffnet werden kann.

Kastenfenster

Kastenfenster sind zwei Fenster, ein Außenfenster und ein Innenfenster, in einer Wandöffnung. Was früher dem Kälteschutz und Windschutz diente, erlebt zugunsten des Schallschutzes und des Sonnenschutzes neue Anwendung. Zum Beispiel ein windgeschützter Sonnenschutz hinter einer Schallschutzverglasung ermöglicht mit dem geschützt liegenden Fenster auch noch natürliche Fensterlüftung an einer lauten Straße. Die Steigerung des Kastenfensters ist die moderne Doppelfassade.

Flügel

Einflügelige Fenster bezeichnet etwas anderes als Einfachfenster. Einflügelige Fenster sind zu unterscheiden von zwei- und mehrflügeligen Fenstern. Fenster unterscheiden drei Schnittstellen der Abdichtung, die im Kapitel 2 weiter behandelt werden: zwischen Baukörper und Fenster, zwischen Blockrahmen und Flügelrahmen und zwischen Rahmen und Glas. Zwischen Blockrahmen und Flügelrahmen gibt es eine oder mehrere Dichtungen, die bei einem einflügeligen Fenster allseitig in gleicher Lage umlaufen.

Stulp

Zweiflügelige Fenster ohne trennendes Setzholz – so heißt der Mittelpfosten – werfen ein konstruktives Problem auf. Der Falz des Flügels fällt gegen den Falz des Blendrahmens. Da unterscheidet sich der Gehflügel, der Flügel der zuerst öffnet, nicht vom einflügeligen Fenster. Der Festflügel, der an zweiter Stelle öffnende Flügel, ist an drei Seiten Flügel und an einer Seite nimmt er die Funktion des Blendrahmens für den Gehflügel auf. An der Ecke, wo Lage und Anschlagrichtung der Falze und Dichtungen von der Flügelposition in die Blendrahmenposition wechseln, bleibt eine Leckage. Dem Problem wird mit allerlei Kunstgriffen zu Leibe gerückt, ohne es aus der Welt zu schaffen, insbesondere wird ein zusätzlicher Anschlag als Stulp montiert. Zweiflügelige Fenster mit Setzholz sind dichter, aber ermöglichen nicht die ungestörte Öffnung.

Abb. 25: Stulp-Fenster

Dasselbe Problem besteht bei Schiebefenstern und Terrassenschiebetüren. Hier ermöglicht die Hebeschiebetür eine gute Abdichtung der Fugen. Die bewährte Konstruktion der Hebedrehtür ist aus der Praxis verschwunden. Stattdessen erfreut sich die Parallel-Kipp-Schiebetür einer großen Verbreitung, obwohl es dem Benutzer immer einen Schreck durch die Glieder jagt, wenn der große Schiebeflügel ihm entgegenfällt, bevor er sich seitlich verschieben lässt.

Hängende Verglasung

Die meisten Verglasungen ruhen in ihrem Rahmen. Große Glasflächen können auch oben aufgehängt werden, was vor dem Ausbeulen unter Last bewahrt. Wind und seitliche Lasten müssen sie dennoch aufnehmen.

Abb. 26: Große Glasflächen

Pfosten-Riegel

Pfosten-Riegel-Konstruktionen bilden keine Rahmen. Sie bestehen wie Fachwerkhäuser aus senkrechten Pfosten und quer liegenden Riegeln, nach ihrer Einbauhöhe Fußriegel, Brustriegel und Kopfriegel genannt. In anderen Regionen heißt der Fußriegel Schwelle. Auch Begriffe wie »Stockwerk« für Geschoss und »Brüstung« für das, was aktuelle Bauordnungen Umwehrung nennen, gehen auf das Fachwerk zurück. Die Flächen zwischen den Pfosten und Riegeln wurden mit Füllungen aus Mauerwerk, Lehmgeflecht oder Holz ausgefacht. Das ist bei der modernen Pfosten-Riegel-Fassade so geblieben, außer dass das Gefach mit Isolierglas oder Glaspaneelen gefüllt wird, linienförmig gelagert, geleistet oder geklebt, wenn nicht sogar punktgehalten. Bauteilbewegungen werden teilweise zwischen Pfosten und Gefach aufgenommen, was für alle Schnittstellen zwischen Rahmen und Glas mit zusätzlichen Anforderungen verbunden ist. In Pfosten-Riegel-Konstruktionen werden außer Festverglasungen auch Fenster aus Blendrahmen und Flügelrahmen eingebaut. Siehe Kapitel 2.9.

Abb. 27: Pfosten-Riegel-Verglasung aus VSG

Normung

Kriterien für die Beschreibung von Fenstern sind in DIN EN 14351 seit 2006, zuletzt 2016 für Fenster und Türen ohne Anforderungen an Rauch- und Brandschutz zusammengestellt. EN 14351 erwähnt Brandschutz nur für Dachflächenfenster (Brandschutz siehe Kapitel 4.4). Die in Deutschland gültigen Anforderungen an Fenster stehen seit 2014 ergänzend in DIN 18055. Wie bei vielen europäischen Produktnormen kam die nationale Ergänzungsnorm erst Jahre später, als ob die europäische Norm heimlich und überraschend käme. Viel zu lang galt die Fassung der Norm aus 1981, weil 33 Jahre lang kein europäisch kompatibler Normentwurf gelang. Die Erfüllung der Anforderungen wird nach europäischen Prüfnormen von zugelassenen Prüfinstituten festgestellt. Zu jeder Zeile der Tabelle der Fenstereigenschaften kann – wie in europäischen Normen üblich – statt einer der nachzuweisenden Eigenschaften »npd« (no performance determined) eingetragen werden, wenn das Kriterium nicht benötigt wird. Auf Deutsch heißt die Angabe »Klasse 1 nicht erreicht«. Diese Einstufung ist nicht so schlecht, wie sie sich anhört. Nicht jedes Fenster muss einen Sprengschutz nachweisen. Das sind insgesamt 23 Eigenschaften nach 66 Normen. Die Tabelle besteht einmal für Fenster und zum Zweiten für Türen. Die entsprechenden Daten für Vorhangfassaden, Pfosten-Riegel-Konstruktionen und Fensterwände stehen in DIN EN 18830. Exxx steht für Sonderklasse außerhalb der tabellarisch erfassten Werte.

Tab. 2: Eigenschaften von Fenstern

Nr.	Eigenschaften DIN EN 14351	Wert/Einheit	Klassifizierung	Anforderung DIN 18055
1	Widerstandsfähigkeit gegen Windlast	Prüfdruck in Pascal (Pa)	6 Klassen von 400 bis 2000 Pa und Exxx	Tabelle A.1 in DIN 18055
2	Widerstandsfähigkeit gegen Windlast	Rahmendurchbiegung (Zahl als Bruch)	3 Klassen von 1/150 bis 1/300	darf die Falztiefe nicht überschreiten
3	Widerstandfähigkeit gegen Schnee- und Dauerlast	z. B. Glasart und Dicke	Angaben zur Füllung	DIN 18008
4	Brandverhalten	Schutz gegen Brand von außen (nur Dachflächenfenster)	siehe EN 13501-5	mindestens normal-entflammbar
5	Schlagregendichtheit	ungeschützt (A) Prüfdruck (Pa)	10 Klassen von 1 A bis 9 A und Exxx	Tabelle A.1 in DIN 18055
6	Schlagregendichtheit	geschützt (B) Prüfdruck (Pa)	7 Klassen von 1B bis 7B	Tabelle A.1 in DIN 18055
7	Gefährliche Substanzen		Hersteller muss Bestandteile angeben	
8	Stoßfestigkeit	Fallhöhe (mm)	5 Klassen von 200 bis 950 mm	EN 13049 Besondere Anforderungen für Arbeitsstätten
9	Tragfähigkeit von Sicherheitsvorrichtungen		Schwellenwert	60 s bei einer Last von 350 N
10	Schallschutz	bewertetes Schalldämmmaß (dB)	festgestellte Werte	DIN 4109
11	Wärmedurchgangskoeffizient	U (W/(m² × K))	festgestellter Wert	EN ISO 10077 EN ISO 12567
12	Strahlungseigenschaften	Gesamtenergiedurchlassgrad	festgestellter Wert	
13	Strahlungseigenschaften	Lichttransmissionsgrad	festgestellter Wert	
14	Luftdurchlässigkeit	Referenz-Luftdurchlässigkeit bei 100 Pa bezogen auf Fugenlänge oder Fensterfläche	Prüfdruck 4 Klassen von 150 Pa bis 600 Pa	DIN 18055 EnEV DIN 4108-2

Nr.	Eigenschaften DIN EN 14351	Wert/Einheit	Klassifizierung	Anforderung DIN 18055
15	Bedienkräfte		2 Klassen	DIN EN 13115 DIN 18040
16	Mechanische Festigkeit	Gegen Lasten	4 Klassen von 200 N bis 800 N	DIN EN 13115
17	Lüftung	Strömungskoeffizient Luftströmungs-kenngröße Luftströmungs-geschwindigkeit	festgestellte Werte	DIN 1946
18	Durchschusshemmung		8 Klassen	EN 1522 EN 1523
19	Sprengwirkungshemmung	Stoßrohr	4 Klassen	
20	Sprengwirkungshemmung	Freilandversuch	5 Klassen	
21	Dauerfunktion	Anzahl der Zyklen	3 Klassen von 5 000 bis 20 000	DIN EN 12400
22	Differenzklimaverhalten	in Vorbereitung		vom Planer festzulegen
23	Einbruchhemmung	Nach Nutzungsart	6 Klassen	EN 1627

Am Beispiel von Widerstandsfähigkeit gegen Windlast und gegen Schlagregen sei die gemeinsame Anwendung der europäischen EN 14351 und der deutschen DIN 18055 erläutert. Die EN unterscheidet 6 Klassen der Widerstandsfähigkeit gegen Windlast von 400 bis 2 000 Pa und die Extraklasse und 10 Klassen der Schlagregendichtheit in ungeschützter Lage von 1 A bis 9 A und 7 Klassen von 1B bis 7B der Schlagregendichtheit in geschützter Lage und jeweils die Extraklasse oberhalb der Tabelle. Die Windzone ergibt sich aus dem nationalen Anhang zu EN 1991-1-1-4. Das Ergebnis lässt sich aus Tabelle A.1 ablesen.

Dabei ist im Sinne der Norm eine geschützte Lage eine Einbausituation mit einem Überbau oder einer anderen baulichen Maßnahme, die das Fenster oder die Außentür teilweise vor einer direkten Bewitterung durch Schlagregen schützt, und eine ungeschützte Lage eine Einbausituation, bei der eine direkte Bewitterung des Fensters oder der Außentür durch Schlagregen möglich ist.

Gebäudehöhe ist die Gesamthöhe eines Gebäudes bis zum First und nicht die Höhe der Fassade. Um Interpretationen zu vermeiden, gibt es in der Norm eine Zeichnung mit einem Satteldach und einer Bemaßung bis zum First.

Tab. 3: Tabelle A.1 aus DIN 18055

Binnenland	0–10 m		>10–18 m		>18–25 m	
	Mitte	Rand	Mitte	Rand	Mitte	Rand
Windzone 1						
Geschwindigkeitsdruck DIN EN 1991-1	0,50	0,50	0,65	0,65	0,75	0,75
Winddruck in kN/m²	0,50	0,50	0,65	0,65	0,75	0,75
Windsog in kN/m²	0,55	0,85	0,72	1,11	0,83	1,28
Widerstand gegen Windlast	B2	B3	B2	B3	B3	B4
Schlagregendichtheit	4 A	4 A	5 A	5 A	5 A	5 A
Luftdurchlässigkeit	2	2	2 (3)	2 (3)	2 (3)	3
Windzone 2						
Geschwindigkeitsdruck DIN EN 1991-1	0,65	0,65	0,80	0,80	0,90	0,90
Winddruck in kN/m²	0,65	0,65	0,80	0,80	0,90	0,90
Windsog in kN/m²	0,72	1,11	0,88	1,36	0,99	1,53
Widerstand gegen Windlast	B2	B3	B3	B4	B3	B4
Schlagregendichtheit	5 A	5 A	5 A	5 A	6 A	6 A
Luftdurchlässigkeit	2	2	2 (3)	3	2 (3)	3
Windzone 3						
Geschwindigkeitsdruck DIN EN 1991-1						
= Winddruck in kN/m²	0,80	0,80	0,95	0,95	1,10	1,10
Windsog in kN/m²	0,88	1,36	1,05	1,62	1,21	1,87
Widerstand gegen Windlast	B3	B4	B3	B5	B4	B5
Schlagregendichtheit	5 A	5 A	6 A	6 A	7 A	7 A
Luftdurchlässigkeit	2	3	2	3	3	3
Windzone 4						
Geschwindigkeitsdruck DIN EN 1991-1						
= Winddruck in kN/m²	0,95	0,95	1,15	1,15	1,30	1,30
Windsog in kN/m²	1,05	1,62	1,27	1,96	1,43	2,21
Widerstand gegen Windlast	B3	B5	B4	B5	B4	E2210
Schlagregendichtheit	6 A	6 A	7 A	7 A	8 A	8 A
Luftdurchlässigkeit	2	3	3	3	3	4

Küste und Inseln der Ostsee	0–10 m		>10–18 m		>18–25 m	
	Mitte	Rand	Mitte	Rand	Mitte	Rand
Windzone 2						
Geschwindigkeitsdruck DIN EN 1991-1						
= Winddruck in kN/m²	0,85	0,85	1,00	1,00	1,10	1,10
Windsog in kN/m²	0,94	1,45	1,10	1,70	1,21	1,87
Widerstand gegen Windlast	B3	B4	B3	B5	B4	B5
Schlagregendichtheit	6 A	6 A	6 A	6 A	7 A	7 A
Luftdurchlässigkeit	2	3	2 (3)	3	3	3
Windzone 3						
Geschwindigkeitsdruck DIN EN 1991-1						
= Winddruck in kN/m²	1,05	1,05	1,20	1,20	1,30	1,30
Windsog in kN/m²	1,16	1,79	1,32	2,04	1,43	2,21
Widerstand gegen Windlast	B3	B5	B4	E2040	B4	E2010
Schlagregendichtheit	7 A	7 A	7 A	7 A	8 A	8 A
Luftdurchlässigkeit	2	3	3	4	3	4

Küste und Inseln der Ostsee Küste der Nordsee	0–10 m		>10–18 m		>18–25 m	
	Mitte	Rand	Mitte	Rand	Mitte	Rand
Windzone 4						
Geschwindigkeitsdruck DIN EN 1991-1						
= Winddruck in kN/m²	1,25	1,25	1,40	1,40	1,55	1,55
Windsog in kN/m²	1,38	2,125	1,54	2,38	1,71	2,635
Widerstand gegen Windlast	B4	E2125	B4	E2080	B5	E2635
Schlagregendichtheit	8 A	8 A	8 A	8 A	8 A	8 A
Luftdurchlässigkeit	3	4	3	4	3	4

Mit den Bezeichnungen dieser Tabelle A1 oder mit der Zeilennummer dieser Tabelle und der Klasse der festgestellten Leistung kann ein Fenster für ein bestimmtes Gebäude (Gebäudehöhe, Lage im Gebäude) an einem bestimmten Standort (Windzone nach DIN EN 1991) bestellt werden, ohne dass der Fensterbauer die Baustelle kennt. Damit hat der Fensterbauer wenig Chancen, Bedenken anzumelden, wenn die Vorgaben der Bestellung nicht zum Standort passen. Der Auftragnehmer muss die Angaben entweder auf dem Produkt oder in Begleitdokumenten angeben und die Übereinstimmung mit den Anforderungen mit der CE-Kennzeichnung für jede einzelne geprüfte Eigenschaft bestätigen.

Auf Inseln der Nordsee gelten für Gebäude mit einer Höhe bis 10 m die Werte für Gebäude an der Küste der Nordsee mit einer Höhe von 10 bis 18 m. Für höhere Gebäude auf Inseln der Nordsee ist eine besondere Berechnung wie für Gebäude mit einer Höhe über 25 Meter erforderlich. In der Norm die Extraklasse.

Bei rechnerischen Einzelnachweisen können hohe Fassaden geschoßweise erfasst werden und wird zusätzlich die Geländekategorie aus dem nationalen Anhang zu EN 1991-1-1-4 berücksichtigt.

Geländekategorie 0: See, Küstengebiete, die der offenen See ausgesetzt sind.

Geländekategorie I: Seen oder Gebiete mit niedriger Vegetation und ohne Hindernisse.

Geländekategorie II: Gebiete mit niedriger Vegetation, wie Gras und einzelnen Hindernissen (Bäume, Gebäude), mit Abständen von mindestens der 20-fachen Hindernishöhe.

Geländekategorie III: Gebiete mit gleichmäßiger Vegetation, Bebauung oder mit einzelnen Objekten mit Abständen von weniger als der 20-fachen Hindernishöhe (z. B. Dörfer, vorstädtische Bebauung, Waldgebiete).

Geländekategorie IV: Gebiete, in denen mindestens 15 % der Oberfläche mit Gebäuden mit einer mittleren Höhe von 15 m bebaut ist.

Einbau

Zu dem Bauprodukt Fenster gehört eine Einbauanleitung. Die Eigenschaften Brandschutz, Schallschutz und Einbruchschutz können nur zusammen mit dem entsprechenden Einbau in das Gebäude wirksam werden. Den entsprechenden Einbau muss der Auftragnehmer mit einer Herstellerdeklaration bestätigen. Europäisch planen und bauen ist gar nicht so einfach. Fassaden bestehen aus einer Addition von Wandteilen und Fenstern. Gebäudebewegungen werden zwischen den Wandteilen und Fenstern entkoppelt. Alle Fugen sind wirksam abzudichten (siehe Kapitel 1.8 und 2.4 bis 2.6). Details siehe Schutz gegen Wasser, Schutz gegen Einbruch usw. Eine übersichtliche deutsche Regel über die Einbaubedingungen europäisch genormter Fenster in individuell geplante Gebäude liegt seit vielen Jahren, zuletzt 2020 der »Leitfaden zur Planung und Ausführung der Montage von Fenstern und Haustüren für Neubau und Renovierung« des Instituts für Fenstertechnik Rosenheim (ift) und der einschlägigen Wirtschaftsverbände vor, verbunden mit einem RAL-Gütezeichen.

Gewerkelücke

Beim Fenster mit massiver Brüstung ist die untere Fensterecke zwischen Fenster, Abdichtung, Fenstersims und Rollladenschiene inzwischen so oft undicht geworden, dass sich dafür ein neuer Fachausdruck eingebürgert hat: die Gewerkelücke. Die Gewerkelücke entsteht, wenn Wasser in der Rollladenschiene neben dem Fenstersims in den Wandquerschnitt laufen kann. Dagegen hilft nur eine Abdichtung. Das oben zitierte Merkblatt des ift zum Fenstereinbau widmet dieser Gewerkelücke 17 Seiten.

Abb. 28: Gewerkelücke: Wo der Kuli steckt, kann auch Wasser reinlaufen

1.10 Barrierefreie Zugänge

Das Behindertengleichstellungsgesetz und die Landesbauordnungen verlangen gleichlautend, dass Gebäude von Menschen mit Behinderungen »*ohne fremde Hilfe genutzt*« werden können. Grundlage ist die Chancengleichheit des Grundgesetzes. Seit den 80er-Jahren des 20. Jahrhunderts bestimmen die Landesbauordnungen, wie auch die Musterbauordnung der Arbeitsgemeinschaft der Länder, dass praktisch alle Bauvorhaben außer Teilen des privaten Wohnungsbaus »barrierefrei« zu errichten sind. Die Bauordnungen der 90er-Jahre des 20. Jahrhunderts dehnen diese Pflicht auf wesentliche Teile des privaten Wohnungsbaus aus.

Beim barrierefreien Bauen kann keine gegen jede »Witterungsunbill« schützende Schwelle eingebaut werden. Aber zum besonderen Fall der Schwelle der Terrassentür stiften Normen und Richtlinien verschiedener Jahrgänge bis heute Verwirrung. Im Gegensatz zu Terrassentüren gab es nie eine Forderung, Haus- oder Ladentüren mit 15 cm hohen Schwellen zu bauen. Die Regelwerke für Abdichtungen fordern, Abdichtungen an flankierenden Bauteilen 15 cm hochzuführen. Wir verdanken der Zeitschrift »Der Bausachverständige« Jahrgang 13 Heft 6 Dezember 2017 [6] die Kenntnis, woher die 15 cm-Regel kommt: aus: Der Deutsche Dachdeckermeister, Band 1, Fritz Schrader und Hugo Reim, Verlag von Wilhelm Engelmann, Leipzig 1911.

»Die Pappbahnen werden so abgeschnitten, dass sie noch eine Handbreit über die Kante gebogen werden können.«

Die Regel gilt immer noch, obwohl kein Dachdecker mehr Pappbahnen eine Handbreit über eine Kante biegt. In der Schweiz sind es nur 12 cm. Niemand hat je erwartet, dass Türschwellen allgemein 15 cm hoch sein sollten. Das war so selbstverständlich, dass es dazu keine Regeln gab. Bis dann 1983 die Abdichtungsnorm DIN 18195 ausnahmslos die 15 cm hohe Schwelle forderte. Das war zu diesem Zeitpunkt schon veraltet. Seit 1980 – also seit 40 Jahren – sagen die technischen Regeln der Dachdecker, dass Türschwellen niedriger sein dürfen, wenn eine mit einem Gitterrost abgedeckte Entwässerungsrinne vor der Tür eingebaut wird. Am Profil der Schwelle in Abb. 29 ist erkennbar, dass diese Zeichnung schon einige Jahrzehnte alt ist. Der Verband der Hersteller von Abdichtungsbahnen vdd ist oft der Vordenker der bekannteren Flachdachrichtlinien des Verbands der Dachdecker.

Mit der Änderung der Abdichtungsnorm zur Jahrtausendwende (DIN 18195-5:2000) wurde endlich die ganz schwellenlose – auch barrierefreie – Terrassentür eine Regelkonstruktion der allgemein anerkannten Regeln der Technik. Die Abdichtungsnorm aus dem Jahre 2000 ersetzt die Höhe der Türschwellen durch andere Maßnahmen gegen das Eindringen von Wasser oder das Hinterlaufen der Abdichtung. Genannt werden ausreichend große Vordächer, Fassadenrücksprünge, Rinnen mit Gitterrosten, Gefälle und Klemmprofile. Die Türschwellen und Türpfosten sind von der Abdichtung zu hinterfahren. Die Notentwässerung ist so tief anzuordnen, dass bei Verstopfung des Ablaufs die Schwelle nicht überstaut werden kann. Eine bestimmte Schwellenhöhe ist seit dem Jahr 2000 nicht mehr vorgesehen. Die Norm erläutert die Wahlmöglichkeit zwischen verschiedenen Schutzmaßnahmen. Im Ergebnis lauten die Regeln, dass Vordach, Rinne, Gefälle des Belags, Drainage und Schwelle der Terrassentür sich wechselseitig ersetzen können, und nicht alle zusammen erforderlich sind.

Bis 2010 galt ein 2 cm hoher Anschlag noch als barrierefrei. Nach der aktuellen Norm DIN 18040 für das barrierefreie Bauen sind untere Türanschläge und -schwellen nicht zulässig. Sind sie technisch unabdingbar, dürfen sie nicht höher als 2 cm sein.

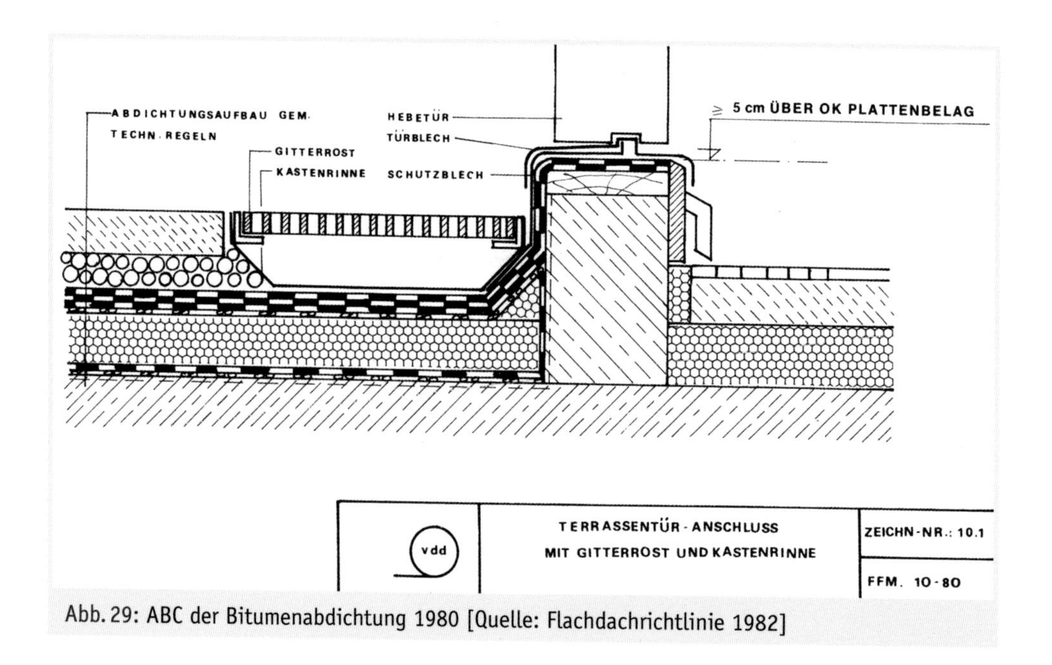

Abb. 29: ABC der Bitumenabdichtung 1980 [Quelle: Flachdachrichtlinie 1982]

Bauindustrie, Architekten und Ingenieure sind seit Jahrzehnten in der Lage, Lösungen für diese Anforderung erfolgreich am Bau zu verwirklichen und haben das zig tausendfach bewiesen. Das Aachener Institut für Bauschadensforschung und Angewandte Bauphysik, Gemeinnützige Gesellschaft MbH, veröffentlichte 2012 seinen Forschungsbericht »Schadensfreie Niveaugleiche Türschwellen« [4] mit dem Ergebnis, dass diese Ausführung nicht zu Schäden führt. 2 cm hohe Türanschläge sind nicht »technisch unabdingbar«.

Der oben zitierte Absatz aus DIN 18040 zur Schwelle gehört nicht zu jenen mit einem »R« gekennzeichneten, die besonders die Belange der auf den Rollstuhl angewiesenen Personen berücksichtigen. Ziel der Norm ist nicht, wie in früheren Fassungen, die Definition der Anforderungen für die begrenzte Zahl von Personen, die auf den Rollstuhl angewiesen sind und gleichzeitig sensorisch und physisch in der Lage sind, diesen zu betätigen, sondern die Nutzungserleichterung für viel weiter gefasste Personengruppen bis hin zu Personen mit Kinderwagen oder Gepäck. Zitat aus dem Vorwort DIN 18040-2:2011 [3]:

»(Die Norm) berücksichtigt dabei insbesondere die Bedürfnisse von Menschen mit Sehbehinderung, Blindheit, Hörbehinderung (Gehörlose, Ertaubte und Schwerhörige) oder motorischen Einschränkungen sowie von Personen, die Mobilitätshilfen und Rollstühle benutzen. Auch für andere Personengruppen wie z. B. groß- oder kleinwüchsige Personen, Personen mit kognitiven Einschränkungen, ältere Menschen, Kinder sowie Personen mit Kinderwagen oder Gepäck führen einige Anforderungen dieser Norm zu einer Nutzungserleichterung.«

Und dann erscheint 2017 eine neue Abdichtungsnorm, die die barrierefreie Schwelle »ins Nirwana geschickt hat« wie die Normautoren selbstbewusst öffentlich erklären. In der Norm heißt das »Sonderkonstruktion«, die nicht genormt werden könne. Richtig muss es heißen:

Die schwellenlose barrierefreie Terrassentür ist für viele Bauaufgaben gesetzlich vorgegeben. Schwellenlose Terrassentüren sind wissenschaftlich richtig, sind in der Fachwelt bekannt und sind in der Praxis bewährt. Schwellenlose Terrassentüren entsprechen den allgemein anerkannten Regeln der Technik.

Die schwellenlose Terrassentür muss in den Regelwerken der Abdichtungen angemessen geregelt werden. Es ist an der Zeit, die Aufkantungshöhen für Abdichtungen aus Flüssigkunststoff im 21. Jahrhundert nicht mit Regeln für die Arbeit mit »Pappbahnen« aus dem Jahre 1911 zu begründen, sondern mit der Wasserbelastung.

Die Entwässerung ist nach DIN EN 12056-3 und DIN 1986-100 zu planen und auszuführen. Danach sind zwei Größen rechnerisch zu ermitteln. Die Berechnung erfolgt »sowieso« für die Planung der Entwässerung und kann für die Planung der Schwellenhöhe berücksichtigt werden.

- Die Stauhöhe ist die erforderliche Höhe, damit ein hydrostatischer Druck das Wasser zum Abfluss bewegt.
- Freibord ist eine zur sicheren Wasserableitung zusätzlich erforderliche Höhe der Ränder von dem Wasser ausgesetzten Bauteilen.

Aus Stauhöhe plus Freibord ergibt sich die mindestens erforderliche Schwellenhöhe. Mit diesen Regeln können die Abdichtungsnormen unserer Nachbarländer, die Schweizer SIA 271 [8] oder die Österreichische ÖNORM 3691 [10], sichere Schwellenhöhen definieren, ohne die »Handbreit« des Dachdeckers zu bemühen.

Der Boden der nach den Regelwerken seit nunmehr 40 Jahren vorgesehenen Rinne vor der Terrassentür muss mit Stauhöhe und Freibord tiefer liegen als die Profilentwässerung bzw. Falzentwässerung, damit kein Wasser von außen in die Fensterkonstruktion läuft. Bei barrierefreien Schwellen liegt die Höhe der Profilentwässerung beziehungsweise Falzentwässerung regelmäßig tiefer als die Oberkante des Terrassenbelags.

Die Industrie bietet entsprechende bewährte Produkte an. Besonders elegante Produkte werden aus der Schweiz angeboten. Zu beachten ist die Falzentwässerung unter dem Belag. Dabei endet die Abdichtung an dieser Stelle zwangsläufig unter der Belagsebene, wo sie an ein wasserdichtes Kunststoff- oder Aluminium-Profil der Terrassentür dicht anschließt. Die Profilentwässerung durchdringt die Abdichtung, wie der Hersteller auf seinem Systemschnitt mit einem kleinen Pfeil andeutet (im roten Kreis).

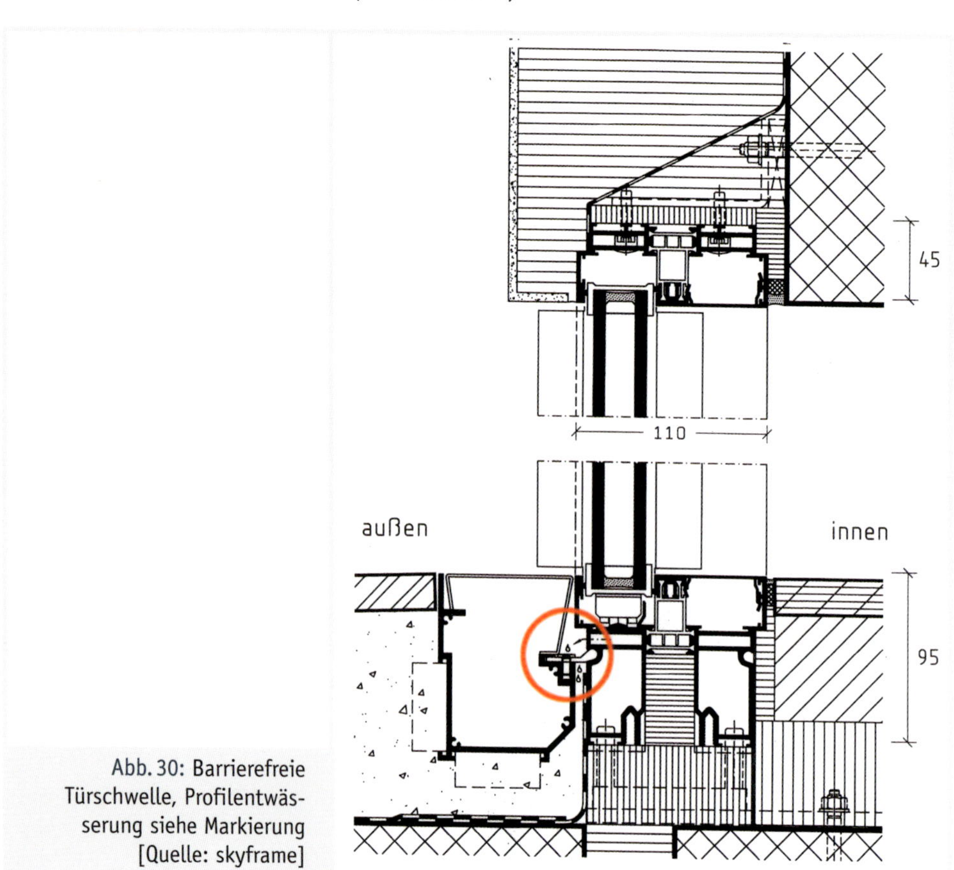

Abb. 30: Barrierefreie Türschwelle, Profilentwässerung siehe Markierung [Quelle: skyframe]

Die Rinne vor der Terrassentür ist zu entwässern. Wie wir aus der Schulphysik wissen, klebt Wasser dank seiner Benetzungskraft an Oberflächen. Die Flachdachregel [2] belehrt seit vielen Jahren, dass bei Gefälle von 5 % (3°) Wasser nicht restlos abfließt und erst bei höherer Neigung Wasser zuverlässig dem Gefälle folgt.

Wie wir ebenfalls aus der Schulphysik wissen, wirkt ein hydrostatischer Druck im Wasser in jeder Richtung, auch seitlich und nach oben, weshalb Wasser unter der Wirkung eines Staudrucks von geringer Höhe auch ohne Gefälle abfließt, was in der Entwässerungsnorm DIN 1986-100 [9] anschaulich bildlich dargestellt ist. Deswegen müssen Regenrinnen kein Gefälle haben. Wer noch in der Wanne badet, kann beobachten, dass beim Abfluss der Wasserspiegel unabhängig vom Boden der Wanne ein Gefälle zum Ablauf bildet. Erst der letzte Wasserrest fließt mit dem Gefälle des Wannenbodens ab.

Wenn der Wasserabfluss unter dem Einfluss des hydrostatischen Drucks in jeder Richtung erfolgt, heißt das mit anderen Worten, dass dazu kein Gefälle erforderlich ist. Das haben in der Vergangenheit Gerichte anders entschieden als die Erkenntnisse der Naturwissenschaft. Am Ende wird sich die Physik gegen das geschriebene Wort durchsetzen.

Wenn Wasser unter dem Einfluss des hydrostatischen Drucks ohne Gefälle aus der Fassadenrinne abfließt, ist die nächste Frage, durch welche Entwässerungseinrichtung das Wasser weiter fließt. Deutsche Regelwerke verlangen eine wannenförmige Ausbildung der Fassadenrinne mit Anschluss an die Entwässerung. In der Praxis wird in zahlreichen Fällen ein niedrig rechteckiger Flachkanal eingebaut. Das ist eine Möglichkeit.

Die französische Norm DTU 43.1 (NF P 84-204-1-1) setzt stattdessen auf einen Belag auf Stelzlagern, was auch hierzulande von der Bauindustrie reichlich angeboten wird. Wenn Wasser unter dem Belag sicher abgeführt wird, sollte die Fassadenrinne unten Entwässerungsöffnungen haben und nicht wannenförmig geschlossen sein.

Als Alternative zu den Stelzlagern, die manche Leute nicht mögen, weil Beläge hohl klingen können, gibt es mineralische Bettungen auf Dränmatten. Vorausgesetzt, dass die Dränmatten mit Eignungsnachweis eines akkreditierten Prüfinstituts ein ausreichendes Wasserableitungsvermögen in der Ebene nach DIN EN ISO 12958:2010 nachweisen, kann damit entwässert werden. Die Industrie bietet Dränmatten mit einer bei 0° Neigung für Terrassen ausreichenden Abflussleistung.

Die kritische Höhe der Schwelle in Hinblick auf Überflutung ist nicht die Höhe, an der man beim Überschreiten stolpern kann, sondern mehrere Zentimeter tiefer die Profilentwässerung beziehungsweise die Falzentwässerung, je nach Profilmaterial und Profildesign der Schwelle.

Abb. 31: Beispiel einer nicht vorbildlichen Schwellenkonstruktion

Das Beispielbild (Abb. 31) eines nicht vorbildlichen, aber typischen Bauvorhabens zeigt die Schwelle einer Terrassentür, deren Profilentwässerung – die Höhe, wo kein Wasser reinlaufen darf – kaum 1 cm über dem Terrassenbelag liegt, während die Schwelle, an der Füße stolpern können, mehr als 5 cm über dem Terrassenbelag liegt. Diese Schwelle ist gleichzeitig nicht barrierefrei und nicht überflutungssicher. Das Beispiel verdeutlicht die Folgen des Regelungsdefizits bei weniger als 5 cm hohen Schwellen. Die deutliche Mehrheit aller Bauvorhaben in Deutschland wird an dieser Stelle außerhalb geltender Regelwerke errichtet.

Die geltenden technischen Regelwerke für Abdichtungen, die von der Mehrheit der realisierten Bauvorhaben abweichen, führen zu Unsicherheiten bei Bauverträgen und Abnahmen. Die Bauwirtschaft benötigt für Terrassentüren technische Regelwerke, die den Anforderungen an allgemein anerkannte Regeln der Technik genügen.

Praxistaugliche Regeln müssen für niedrige Schwellen »Zusatzmaßnahmen« formulieren, wie sie in den Dachdeckerregeln seit vielen Jahren für Unterschreitungen der Regeldachneigung gesetzt sind. Es muss gelten: je flacher, desto mehr Zusatzmaßnahmen.

Schließlich müssen Normen widerspruchsfrei sein. Parallel geltende Normen wie die Normen zur Entwässerung DIN 1986-100, zum barrierefreien Bauen DIN 18040 und zur Drainage DIN EN ISO 12958 sind nicht nur zu benennen, sondern auch zu berücksichtigen.

Der Aussage des DIN, solche Regelungen nicht allgemein formulieren zu können, stehen die angegebenen Regelwerke im westlichen Ausland entgegen. Zum Beispiel bemisst die österreichische ÖNORM die Aufkantungshöhe der Abdichtung nicht ab Höhe Belag, sondern ab Höhe Rinnenboden, wenn die Rinne ausreichend breit ist.

Soweit der DIN-Ausschuss »Abdichtungen« fürchtet, Firmenrechte zu berühren, sei er an die Regelung in der Norm für das barrierefreie Bauen DIN 18040 erinnert:

»Es wird auf die Möglichkeit hingewiesen, dass einige Texte dieses Dokuments Patentrechte berühren können. Das DIN [und/oder die DKE] sind nicht dafür verantwortlich, einige oder alle diesbezüglichen Patentrechte zu identifizieren.«

Neuralgischer Punkt bleibt wie immer ein Übergang: der Übergang von der Abdichtung gegen die aufgehende Wand zur Abdichtung an den Fußpunkt des Türelements. Gerade diese schwierige Stelle liegt oft unzugänglich für jede Art von Abdichtung versteckt hinter der Rollladenschiene. Die Lösung ist einfach. Erst Fuge zwischen Fenster und Wand abdichten, dann Rollladenschiene als Abdeckung und mechanischen Schutz vor die Abdichtung montieren. Das bedeutet aber, die Rollladenschiene erst am Bau und nicht schon in der Fensterfabrik zu montieren, sonst kriegt niemand eine Abdichtung der Fensterfuge dazwischen. Die Fuge zwischen Fenster und Rollladenschiene ist nicht wasserdicht, und die Abdichtung auf der Rollladenschiene mit noch einer Schutzschicht zu versehen, verdient keinen Schönheitspreis. Das ist so eine von den undichten Stellen, für die der Sachverständige jedes Mal einen Euro bekommen sollte. Er würde Millionär.

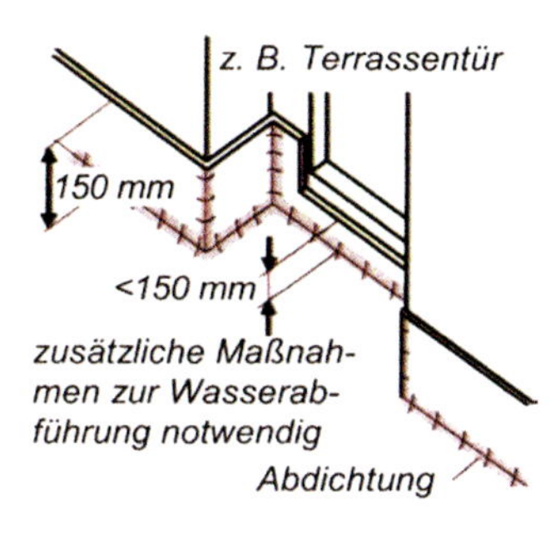

Abb. 32: Trotz niedriger Schwelle ist die Fenstereinbaufuge abzudichten [Quelle: »Der Bausachverständige«]

Niedrige Schwellen haben sich seither in der Praxis bewährt. Neuerdings wird der Sachverständige eher mit der Mangelrüge konfrontiert, dass die Schwelle zu hoch sei als zu niedrig.

Abb. 33: Ungünstig hohe Schwelle einer Terrassentür

Die »Stolperstufe« an Terrassentüren ist durch die Entwicklung der allgemein anerkannten Regeln der Technik nicht mehr abgedeckt und wird von Kunden nicht mehr hingenommen.

1.11 Beschläge

Die Geschichte der Fensterbeschläge ergänzt den einfachen Riegel schon in der Antike zum Vorreiber. Der Riegel oder Drehknauf wird auf einen Keil geschoben. Statt sich auf die Stellungen »auf« und »zu« zu beschränken, erlaubt der Vorreiber, den Anpressdruck nach Bedarf progressiv zu steigern. Damit können Fenster trotz der Maßänderungen durch Schwinden und Quellen dicht verschlossen werden. Die technische Entwicklung ging viele Schritte weiter, aber dieses Prinzip blieb. Es folgen mehrfache Verriegelungen und mannigfaltige Öffnungsrichtungen.

Eine Zeit lang versucht man mit Eckverstärkungen aus Eisen den Holzrahmen steifer zu machen, was im Innern von Kunststoffprofilen weiterlebt.

Abb. 34: Vorreiber

Abb. 35: Fenster mit Eckbeschlägen aus Metall

Moderne Beschläge öffnen Fenster nicht nur in alle Richtungen, zum Drehen, Falten, Kippen, Schwingen, Schieben, sondern auch in mehrere davon. Verbreitet sind Dreh-Kipp und Schiebe-Kipp-Beschläge. Beschläge aus Aluminium und Kunststoff haben Eisen abgelöst. Edelstahl und Bronze sind im Angebot. Die Oberfläche wird längst nicht mehr vom Korrosionsschutz allein bestimmt. Jede Farbe und Tönung ist zu haben, wenn es sein muss, wird Gold täuschend ähnlich imitiert, für besondere Kunden wird wirklich vergoldet. Alle Beschläge, außer der Betätigung, verschwinden nach und nach unsichtbar im Falz. Letzteres macht Fenster nicht unbedingt schlanker, aber formal geschlossener. Die einzelnen Funktionen sind nicht mehr ablesbar. Modernes Design erklärt sich nicht selbst, sondern Piktogramme müssen veranschaulichen, welches Fenster zur Rettung durch die Feuerwehr drehend geöffnet werden kann und welches durch aufgeklebte Silhouetten von Raubvögeln oder Menschen als feste Glasfläche gekennzeichnet werden muss. Der Schutz der Vögel genießt schon lange hohes Ansehen. Rücksicht auf Menschen mit beschlagenen Brillen ist neueren Datums.

Lüften

Seit Fenster so dicht sind, dass der hygienische Mindestluftwechsel durch ihre Fugen und Ritzen nicht mehr erfolgt, müssen Beschläge auch Lüften können. Die einfachste Regelung war, aus der luftdichten Gummidichtung ein paar Zentimeter rauszuschneiden. Moderne Systeme tun im Prinzip dasselbe, sind ein bisschen regelbar, sehen besser aus und schützen auch vor Straßenlärm. Empfindliche Personen klagen, dass mit diesen neuen Zwangslüftungen die bereits vergessen gewähnte alte Zugluft wieder auftritt. In Zukunft wird man wohl der Energieeinsparung zuliebe Belichten und Lüften trennen, wie man auch bereits Kühlen und Lüften getrennten Apparaten übertragen hat.

Regelung

Auch Fensterbeschläge bleiben von der elektronischen Entwicklung nicht ausgenommen. Fenster öffnen, schließen, verriegeln, lüften, verdunkeln wie von Geisterhand. Insbesondere abgestufte Zutrittsregelungen werden elektronisch. Das ist sehr erfolgreich bei Türen und Schranken. Hat der Hotelgast seinen Zimmerschlüssel nicht zurückgegeben? Kein Problem, die Chipkarte wird gesperrt. Am Fenster ist die Betätigung bisher noch selbsterklärend. Für die elektrische Betätigung ist nicht einmal ein Schalter zu betätigen, ein Wisch auf dem Bildschirm reicht. Es kann auch das Display des smarten Telefons sein. Solche Telefone halten 2 Jahre, Verglasungen 20 bis 50 Jahre, Gebäude 80 bis 120 Jahre. Über die Vermählung so unterschiedlich kurz beziehungsweise langlebiger Gegenstände ist das letzte Wort noch nicht gesprochen. Damit werden Fenster zu Maschinen, die nicht nur geplant und hergestellt, sondern auch eingestellt, gepflegt, geölt, gewartet, instand gehalten und gesetzt werden müssen. Fenster bekommen Wartungsverträge und feste Wartungsintervalle wie Heizungsanlagen. Bei Mängeln tritt die fehlende Instandhaltung in Konkurrenz zum Produktmangel. Dann können sich der Telefonservice und die Kundendienste der Verdunkelungsanlage und der

Fensterbeschläge über die Zuständigkeiten auseinandersetzen. Wer je die Zusammenarbeit der Telekom mit dem Telefonanlagenhersteller erlebt hat, weiß was da auf ihn zukommt.

1.12 Industrie oder Handwerk

Die Glasindustrie ist international hochgradig verflochten. Wenige Konzerne dominieren weltweit die Herstellung von Produkten aus Glas. Und dennoch werden Fenster überwiegend nach Aufmaß am Bau nach Maß gefertigt. Es hat sich in Europa – außer für Dachflächenfenster – nicht durchgesetzt, Fenster in Standardformaten fertig zu vertreiben. Glas kann nach dem Fügen zu Isolierglas (und auch nach dem Vorspannen) nicht mehr mechanisch bearbeitet werden. Schleifen, Bohren, Schneiden sind nicht mehr möglich. Isolierglas wird ebenso wie die ganzen Fenster von regionalen Betrieben individuell gefertigt. Glas ist unhandlich und schwer. Isolierglas wird – anders als das Ausgangsprodukt Floatglas – trotz einer vorangeschrittenen internationalen Kapitalkonzentration der Glasindustrie in Europa immer noch in wirtschaftlicher Entfernung zum Einbauort hergestellt.

Während die Herstellung von Flachglas ein großindustrieller Prozess ist, ist die Herstellung von Fenstern Einzelanfertigung. Flachglas wird nach Stückliste heute computergesteuert zugeschnitten. Der Zuschnittcomputer kombiniert das Wohnzimmerfenster für das Projekt X mit den Küchenfenstern des Projekts Y so, dass der Verschnitt sich in Grenzen hält, und etikettiert die einzelnen Zuschnitte. Zuschauen ist spannend wie Kino. Dabei entsteht bei der Herstellung verschieden großer Fenster weniger Verschnitt als bei der Herstellung vieler gleich großer Scheiben, was die Vorurteile der Rationalisierungsexperten der 70er-Jahre des 20. Jahrhunderts arg strapaziert hat. Gleichformatige Fenster sind nicht billiger als gemischte Formate. Fenster sind Maßarbeit. Bei Fenstern gilt schon lange, was auf anderen Gebieten Industrie 4.0 heißt: industrielle Fertigung kleinster Serien bis hin zur Stückzahl eins. Eine globalisierte Industrie fertigt lokal. Und ist gerade deshalb qualifiziert, komplett vormontierte Fassaden weltweit bis nach China zu exportieren. Gleichzeitig ist etwa die Fertigung von standardisierten Solarmodulen aus Glas von Deutschland nach China abgewandert. Wie viel besser ließen sich nach dem Vorbild der Fenster nach Maß hergestellte Solar-Elemente in die Architektur integrieren, und würden in Europa hergestellt – ein auch für andere Wirtschaftsbereiche interessanter Vergleich.

2 Wasserdicht oder regensicher

Abb. 36: Dach aus Glas (Architekt Helmut Jahn)

2.1 Wasser, Dampf und Eis

Glas ist wasserfest. Wasser würde dem Konstruieren mit Glas keine Probleme bereiten, wäre nicht Glas mit dritten Materialien mit dem Gebäude verbunden. Durch Fenster, Rahmen, Randverbund, Einbaufugen fließt flüssiges Wasser, Spalten und Poren absorbieren Wasser, Wasserdampf dringt durch alle Ritzen. Eine Verglasung ist also konfrontiert mit Wasser in allen drei Aggregatzuständen – Dampf, flüssiges Wasser, Eis – welches sich unter den physikalischen Kräften der Schwerkraft, des Drucks der Atmosphäre, des Drucks des Eises, der Adhäsion und der Kohäsion bewegt und unter Einfluss der Temperatur von einem Aggregatzustand zum anderen übergeht.

Wenn irgendwo Wasser tropft, denkt der Laie immer zuerst an Regen. Der Sachverständige muss immer auch an Dampf, Kondensat und Frost denken. Wasser friert bei 0 °C zu Eis und verdunstet spätestens bei 100 °C zu Dampf. Im Wort spätestens liegt die Botschaft, dass Wasser auch bei niedrigen Temperaturen, sogar unter 0 °C, verdunsten kann. Die chemische Zusammensetzung H_2O bleibt beim Wechsel des Aggregatzustands gleich, die Anordnung der Moleküle im Raum ist verschieden.

Wasser in flüssiger Form unterliegt der Schwerkraft. Derselben Schwerkraft unterliegt die Atmosphäre, weshalb in miteinander verbundenen Gefäßen – sogenannten kommunizierenden Röhren – Wasser unter dem hydrostatischen Druck die gleiche Höhe einnimmt. Füllt man es in verbundene Gefäße links ein, steigt es auch rechts. Dringt es auf der Wetterseite ein, kommt es auf der Zimmerseite raus. Das gilt auch für den Glasfalz.

Wasser haftet an rauen Oberflächen, auch entgegen der Schwerkraft. Wasser rollt von glatten Oberflächen in runden Tropfen ab. Das ist einmal eine Eigenschaft der Flüssigkeit. Öl benetzt auch Oberflächen, von denen Wasser abperlt. Quecksilber perlt auch von Oberflächen ab, die von Wasser benetzt werden. Das ist zum anderen eine Eigenschaft der Oberfläche. Der Grad der Adhäsion (Anhaftung an Oberfläche) und der Kohäsion (Zusammenrollen zu einer Kugel) wird durch einen Benetzungswinkel beschrieben. Kleiner Benetzungswinkel heißt flacher Tropfen, im Extremfall anhaftender Wasserfilm. Großer Benetzungswinkel heißt runder Tropfen, der im Extremfall wegrollt, wie eine Quecksilberkugel. Dieser Benetzungswinkel kann sich durch kleine Veränderungen der Oberfläche entscheidend ändern. Von sauberem Glas perlt Wasser dank der Kohäsion ab. Ablagerungen oder auch kleine Verunreinigungen führen zur Adhäsion.

Der letzte Tropfen läuft nicht ab. Entgegen anderslautenden Hoffnungen führt nach Jahren intensiver Entwicklung nicht der tropfenbildende Lotuseffekt zu selbstreinigendem Glas. Nicht die wasserabweisende (= hydrophobe) Oberfläche wie bei der Lotusblume bewirkt die Selbstreinigung der Glasoberfläche. Vielmehr bewirkt im Gegenteil die hydrophile Beschichtung, dass Schmutzablagerungen von Licht katalytisch zerstört werden und wegfließen. Nur wenn Wasser seine Kohäsion zu kugelförmigen Wassertropfen aufgibt, kann es zwischen Oberfläche und Schmutzpartikel gelangen, wie der tropfenlösende Prileffekt im Haushalt.

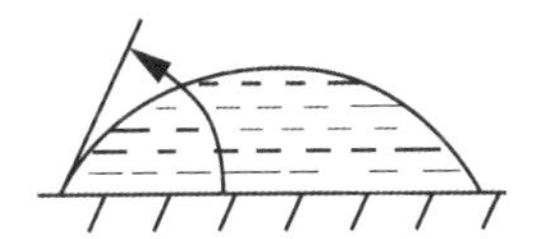
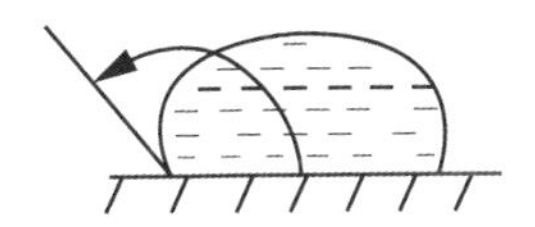
Abb. 37: Adhäsion und Kohäsion

In kleinen Querschnitten lässt die Adhäsion Wasser sich so lange ausbreiten, auch nach oben, bis die Schwerkraft der Bewegung Einhalt gebietet. Solange die Querschnitte nicht vollständig mit Wasser gefüllt sind, kommt der hydrostatische Wasserdruck – die Höhe der Wassersäule unter dem atmosphärischen Druck – gar nicht zur Wirkung.

Flüssiges Wasser verdunstet zu Dampf erstens durch Wärmezufuhr und zweitens, wenn der Wasserdampfteildruck der Luft kleiner ist als der Sättigungsdruck. Sogar Eis verdunstet zu Dampf, wenn ein ausreichend geringer Wasserdampfteildruck vorhanden ist. Wasserdampf kondensiert zu flüssigem Wasser, wenn der Wasserdampfteildruck den Sättigungsdruck erreicht. Die Sättigungsgrenze des Wasserdampfteildrucks in der Luft ist von der Temperatur abhängig. Die Tabelle der temperaturabhängigen Wasserdampfsättigungsdrücke ist eine physikalische Naturgesetzlichkeit und dazu, damit niemand sie übersieht, eine Eingeführte Technische Baubestimmung (in DIN 4108 Wärmeschutz im Hochbau).

Relative Luftfeuchte und Wassergehalt der Luft sind zwei Seiten einer Medaille. Die relative Luftfeuchte gibt in Prozent den Anteil des Wasserdampfteildrucks am Sättigungsdampfdruck an. Letzterer ist wie oben schon erwähnt von der Temperatur abhängig. Der Wasserdampfteildruck (gemessen in Pascal, 1 Pa = 1 N/m^2) ist ein Ausdruck für den absoluten Wasserdampfgehalt der Luft, der auch in Gramm pro Kubikmeter angegeben werden kann.

Wasserdampf ist ein Gas, das getrieben durch den Wasserdampfteildruck den Ausgleich zwischen dem hohen und dem niedrigen Druck sucht. Die Richtung folgt dem Gefälle des Wasserdampfteildrucks. Die Druckdifferenz bestimmt die Bewegung von Wasserdampf von der Seite des hohen Wasserdampfteildrucks zur Seite des niedrigen Wasserdampfteildrucks. Unter solchem Druck stehender Wasserdampf bewegt sich als Diffusion durch die meisten Baustoffe hindurch, allerdings nicht durch Glas und Aluminium. Und Wasserdampf bewegt sich als Konvektion durch alle Lücken und Zwischenräume in festen Stoffen, wie zum Beispiel Risse in Bauteilen, hindurch. Konvektion bewegt am Bau deutlich größere Wassermengen als Diffusion.

Beispiel

Für bauphysikalische Berechnungen im Winter gibt die Wärmeschutznorm DIN 4108 Temperatur- und Feuchtewerte vor. Das ist keine Vorschrift für das Wohnen und Arbeiten bei bestimmten Temperaturen, sondern eine Vorgabe für vergleichbare Berechnungen.

Innen	20° und	50 % rel. Feuchte	entsprechen	1 170 Pa
Außen	−10° und	80 % rel. Feuchte	entsprechen	208 Pa

Der Wasserdampfteildruck ist innen deutlich höher als außen. Dampfdiffusion und Konvektion transportieren Wasser durch Baustoffe und Zwischenräume und Undichtheiten von innen nach außen. Der Wasserdampf kondensiert, wenn er im Bauteil oder außen an kalte Oberflächen stößt.

Thermografische Schnittbilder von Fensterkonstruktionen zeigen, dass die Isothermen, Linien gleicher Temperatur, nirgendwo in einem Bauwerk so dicht beieinanderliegen wie im Glasfalz eines Fensters (Abb. 38). Wo Isothermen so dicht beieinanderliegen, kann die kleinste Verschiebung des Temperaturverlaufs zu Tauwasserausfall führen, zum Beispiel, wenn sich eine Wolke vor die Sonne schiebt. Kondensat ist in einer solchen Situation unvermeidlich. Die Konstruktion muss dafür einen Ausgang schaffen.

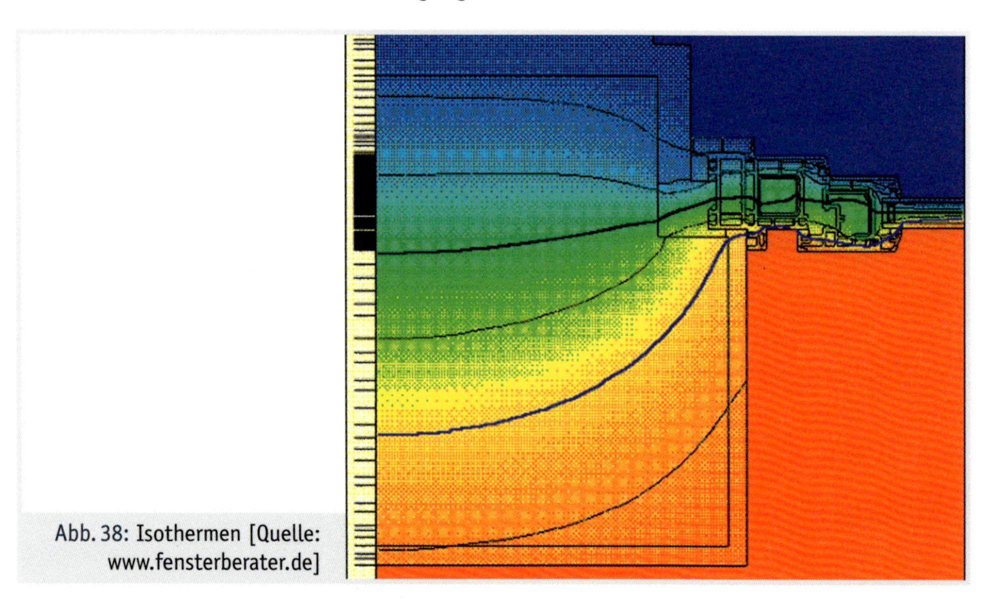

Abb. 38: Isothermen [Quelle: www.fensterberater.de]

Gleichzeitig folgt die Aufnahme von Wasser aus der Luft – die Sorption der relativen Feuchte. Zum Beispiel steht die Holzfeuchte im Gleichgewicht mit der relativen Feuchte der Luft. Bei den oben dargestellten Temperatur- und Feuchteverhältnissen nehmen schmale Undichtheiten – nicht nur Poren im Holz – Wasser von außen auf.

Das bedeutet bei denselben Klimaverhältnissen wie im Beispiel oben,

Innen 20° und 50 % rel. Feuchte,
Außen –10° und 80 % rel. Feuchte,

dass ein nicht mit Wasser gefüllter Kapillarraum – Holzpore oder Riss im Dichtstoff – von außen Wasser aufnimmt.

Ein Bauteil – sei es ein Fenster – kann unter den beschriebenen Klimabedingungen gleichzeitig von innen durch Diffusion und Konvektion und von außen durch Sorption Wasser aufnehmen, und das Bauteil wird das Wasser nur durch Verdunstung wieder los, was moderne

Simulationsprogramme genauso auch abbilden. Dieses Orchester aus Diffusion und Konvektion, Kondensat, Sorption und Schwerkraft lässt Wasser in Bauteile flüssig hineingelangen, und allein Verdunstung führt dieses Wasser wieder nach außen ab. Wenn irgendwo Wasser »nass« reinkommen kann und nur dampfförmig wieder herausgelangt, braucht es entweder ausreichend Energie (Wärme, Luftbewegung) zum Trocknen oder Wasser sammelt sich an. In der Folge besteht die Gefahr von Bauschäden an Bauteilen, seien sie aus Stein oder aus Holz, aus Metall oder eben auch aus Glas. Das Wasser aus dem Bauteil zu entfernen, ist die Aufgabe der Baukonstruktion.

Unter 0 °C gefriert Wasser bei normalem atmosphärischen Druck zu Eis. Eis hat eine geringere Dichte als flüssiges Wasser. Da die Dichte von Eis geringer ist als die von Wasser, schwimmt Eis an der Wasseroberfläche. Wenn Eisscholle und Eisberg schwimmen, ragt so viel Eis aus dem Wasser, wie Eis leichter ist als Wasser, etwa 10 %. Wasser ist am dichtesten bei ca. 4 °C und darüber und darunter dehnt sich Wasser aus. Das gilt auch beim Übergang zum festen Aggregatzustand, beim Gefrieren zu Eis. Die Volumenzunahme bei Kälte statt bei Wärme ist die Anomalie des Wassers. Die Volumenvergrößerung gefrierenden Wassers entwickelt einen erheblichen Sprengdruck. Dieser Sprengdruck kann Bauteile zerstören, in denen sich Wasser angesammelt hat. Wasserstau im Falz kann bei Frost Fensterprofile sprengen, wie die im Tiefkühlfach vergessene Bierflasche.

Wasser hat eine erheblich höhere Wärmeleitfähigkeit als Luft. Wird der Luftanteil in Baustoffen von Wasser eingenommen oder der Luftraum in Bauteilen mit Wasser gefüllt, gehen die Wärmedurchgangswiderstände nach unten. Das gilt für nasse Mineralwolle, wie leicht bildlich vorstellbar ist, ebenso auch für alle Hohlräume in Verglasungskonstruktionen. Wasser, ob flüssig, dampfförmig oder zu Eis gefroren, muss raus können.

2.2 Gefälle von Glasdächern

Der Wasserablauf folgt einem Gefälle. Im Kapitel 1.10 steht, wann Wasser auch ohne Gefälle fließt. Zum Abfluss ohne Gefälle ist ein hydrostatischer Druck erforderlich. Wenn Verglasungen außer bei Aquarien nicht wasserdicht, sondern nur regensicher sind, ist Gefälle erforderlich. Wasser muss dann ohne Stauhöhe drucklos ablaufen. Zum Mindestgefälle von geneigten Verglasungen gibt es widersprüchliche Aussagen. Die Glasnorm DIN 18008 nennt kein Mindestgefälle zum Wasserablauf.

Die Norm für geklebte Verglasung DIN EN 13022 nennt ein Mindestgefälle von 7°. 7° war vor langer Zeit die Grenze zwischen Dachdeckung und Dachabdichtung.

Die Verglasungsnorm DIN EN 12488 Juni 2016 definiert eine Abgrenzung bei 5° Gefälle. Zum Vergleich: Die Flachdachrichtlinien besagen, dass Wasser bei 5° nicht restlos abläuft.

»Bei Verglasungen, die zwischen 85° und 90° von der Vertikalen abweichen, können Wasseransammlungen entstehen. Dies sollte durch eine entsprechende Konstruktion verhindert werden.«

Abb. 39: Pfütze in Glasdurchbiegung auf Glasdach ohne Gefälle

Hersteller von Dachflächenfenstern nennen Mindestneigungen je nach Produkt von 5° bis 25°. Einige Hersteller von Pfosten-Riegel-Fassaden trauen sich Dachneigungen ab 2° zur Horizontalen zu empfehlen. Wer flach geneigte Glasdächer plant, ist auf Eignungsnachweise der Lieferanten angewiesen.

2.3 Wasser auf der Fensteroberfläche

Verglasungen in der Fassade sind Teil der Gebäudehülle, außen den Niederschlägen ausgesetzt. Wasser kondensiert aus der Luft, wenn der Wassergehalt der Luft die Sättigungsfeuchte erreicht, sowohl innen wie außen. Innen kann man Kondensat wegheizen. Nicht jeder mag immer so viel heizen, dass solches Kondensat zuverlässig ausgeschlossen wird. Außen kann man gegen Kondensat gar nichts machen, wie ein unter der Laterne geparktes Auto am Morgen anschaulich beweist.

Abb. 40: So viel Wasser und doch kein Regen, sondern nur Kondenswasser

Abb. 41: Schrägverglasungen ohne Kondensatabführung verrotten schnell

Kondensat kann es auf Oberflächen von Verglasungen zwischen Bauteilen verschiedener Klimazonen innerhalb eines Gebäudes geben. Bei Schwimmbädern gibt es eine besondere Kondensatbelastung, in Kellern gibt es Sommerkondensation. Glasdächer können so viel Wärme an den kalten schwarzen Nachthimmel abstrahlen, dass sie kälter sind als die umgebende Luft. Sie können gleichzeitig von innen aus der Raumluft und von außen beschlagen. Isolierglas beschlägt raumseitig, wenn wenig gelüftet wird, eher nahe des Randverbunds als in der Mitte, weil der Randverbund einen schwächeren Wärmedurchgangswiderstand hat als die Glasfläche. Folglich ist der Rand innen kälter als die Glasfläche und beschlägt eher innen. Moderne Dreifachverglasung beschlägt auf der Wetterseite in der Mitte und nicht am Rand, weil der Randverbund einen schwächeren Wärmedurchgangswiderstand hat als die Glasfläche. Folglich ist die Glasfläche außen kälter als der Rand und beschlägt eher. So viel Wasser müssen Verglasungen von allen Seiten standhalten.

Serienmäßige Dachflächenfenster haben am unteren Rand eine kleine Verdunstungsrinne, die Kondensat sammelt und verdunsten lässt, bevor es abtropft. Eine Entwässerung des Kondensats nach außen ist wegen der Eiszapfenbildung auf der Innenseite weniger bewährt. Ein Hersteller deutscher Dachflächenfenster hat das in den 70er-Jahren versucht. Es gab innen Eiszapfen, die später tropfend nach innen abgetaut sind. Dachflächenfenster, die keine geordnete Kondenswasserableitung vorgesehen haben, führten zu unschönen Schmutzabläufen über die Laibung und halten nicht lange. Man kann die Physik nicht leugnen, aber man kann geschickt mit ihr arbeiten.

Le Corbusier hat aus dieser Entwässerungsaufgabe eine Gestaltungslösung gemacht. Sein einfach verglastes Stahlfenster in der Weißenhofsiedlung von 1927 hat eine Kondensatentwässerung nach außen. Die Ausführung empfiehlt sich nicht zur heutigen Nachahmung. Isolierverglasung und Einfachtechnik der 20er-Jahre vertragen sich nicht so einfach.

Abb. 42: Kondenswasserableitung bei Le Corbusier in der Weißenhofsiedlung in Stuttgart 1927

Manchmal kommt man mangels anderer Vorschläge auf die alten Ideen zurück.

Abb. 43: Wasserauffangrinne im Innenraum als Notlösung

2.4 Wie dicht können Fenster sein?

Glas schwindet nicht unter dem Einfluss von Feuchte und Trockenheit. Glas dehnt sich wenig bei Wärme. Beides kann man von den üblichen Rahmenmaterialien nicht sagen.

Holz

In einem herkömmlichen Holzfenster war das Glas im Falz vollständig in Leinölkitt eingebettet. Dem Eindringen von Wasser stand der Verbund zwischen Holz, Leinölkitt und Glas entgegen. Holz und Leinölkitte waren mit Ölfarbe gestrichen. Dieser Verbund sollte den thermischen Längenänderungen der Materialien, dem Quellen und Schwinden des Holzes und der Alterung des Leinölkitts standhalten.

Dabei steht die Holzfeuchte wie oben beschrieben im Ausgleich mit der relativen Feuchte der angrenzenden Luft. Das heißt, dass die Holzfeuchte sich ändert und mit ihr das Volumen des Holzes. Dieser Wasseraustausch zwischen Holz und Luft wird durch Anstrich und Kitt nur solange gebremst, wie diese rissfrei sind, was nicht lange währt. Für Außenbauteile, die der Witterung ausgesetzt sind, beträgt die entsprechende Ausgleichsfeuchte des Holzes nach der Holzbaunorm DIN 1052 zwischen 12 % und 24 %. Bei direkter Sonnenbestrahlung ist mit viel weniger zu rechnen. Die Extreme der Holzfeuchte sind bald 20 % auseinander.

Abb. 44: Jugendstilverglasung

Holz quillt und schwindet längs zur Faser kaum, anders jedoch quer zur Faser. Hier besteht ein Quell- und Schwindmaß von 0,1 bis 0,4 % je Prozent Holzfeuchte. Die Holznorm DIN 1052 unterschied früher drei Schwindmaße:

Je Prozent Änderung der Holzfeuchte nach DIN 1052:1988 (alt)

- radial quer zur Faser 0,12–0,20 %
- tangential quer zur Faser 0,24–0,40 %
- parallel zur Faser 0,01–0,01 %

Die neuere Holznorm DIN 4074:2003 und 2008 legt diplomatisch einen Mittelwert von 0,24 % pro Prozent Holzfeuchte in allen Richtungen fest, den das Holz allerdings nicht wissen kann. Ein ca. 15 Millimeter breiter und tiefer Glasfalz eines Fensterrahmens wird also bei einer

Zunahme der Holzfeuchte um 20% quer zur Faser bis zu einem halben Millimeter breiter. Bei Abnahme der Holzfeuchte vollzieht sich dieser Prozess in umgekehrter Richtung. So ist also nicht zu erwarten, dass die Leinölkittfuge zwischen Holz und Glas dauerhaft diese Bewegung unbeschadet mit vollziehen wird. Sie wird reißen. Die Idee eines vollständig gefüllten dichten Falzraums – sogenannte Nassverglasung – zwischen Holz und Glas bleibt Illusion. In den sich ergebenden Rissen und Hohlräumen wird es Wasser im Glasfalz geben. Das ist wohl der Grund, dass Fenster heute anders gebaut werden, mit einem eben gerade nicht mit Dichtstoff gefüllten, sondern belüfteten und entwässerten Glasfalz.

Aluminium und Kunststoff

Rahmen aus Aluminium quellen und schwinden nicht. Rahmen aus dem üblichen Kunststoff Hart-PVC quellen sehr wenig. Aber sie ändern ihre Länge bei Temperaturänderung, und zwar wesentlich anders als Glas.

Tab. 4: Ausdehnungskoeffizienten

Ausdehnungskoeffizient	(m/m) × 10^{-6}/K	mm/m 100 K	Quelle
Holz längs zur Faser	0,3 bis 0,8	unbedeutend	DIN 1052
Kalk-Natron-Glas	9	~1 mm	DIN 18008
Borosilikat-Glas	4	~1/2 mm	DIN 18008
Stahl	12	~1 mm	
Aluminium	23	>2 mm	
Kunststoffe	85 bis 240	~10 mm	

Die Tabelle stellt die thermischen Ausdehnungskoeffizienten von Glas den üblichen Rahmenmaterialien gegenüber. Der zu berücksichtigende Temperaturumfang reicht von den im Winter zu erwartenden Frosttemperaturen bis zu den zu erwartenden Oberflächentemperaturen einer sonnenbeschienenen Fläche im Sommer. Für die zu berücksichtigenden Temperaturspannen legen die Regeln für Metallarbeiten, die Klempnernorm in der VOB (DIN 18339) ein handliches Maß 100 K der Bemessung der thermischen Längenänderung zugrunde. Diese Temperaturspreizung wird am Bau konventionell für alle Bauteile berücksichtigt. Das bedeutet neben dem genormten thermischen Längenänderungsquotienten mit seinem wenig verständlichen Zahlenformat eine Differenz der Längenänderung pro Meter zwischen Aluminium und Glas von mehr als einem Millimeter, zwischen Kunststoff und Glas deutlich mehr. Bei Fassadenteilen, die länger als 1 Meter sind, ist das Längendehnungsmaß entsprechend größer. An einem zweistöckigen Wintergarten aus Aluminium geht es schon um halbe Zentimeter.

Es liegt auf der Hand, dass die Dichtung zwischen Glas und Aluminium oder zwischen Glas und Kunststoff diese thermische Längenänderung nicht unbegrenzt mit vollziehen wird, ohne ihre Dichtheit zu verringern. Mit Wasser im Glasfalz ist zu rechnen und es ist abzuleiten.

Die Regelungen und Prüfungen zur Schlagregendichtheit gelten für die Verglasung insgesamt samt ihrer zweiten Entwässerungsebene.

2.5 Wasser im Isolierglas

Der Falzraum ist wasserbeansprucht. Deswegen wird der Falzraum entwässert und entlüftet. Im Falz ist der Randverbund von Isolierglas zwar mit Dichtstoff und Trockenmasse dicht und baupraktisch beständig gegen Wasserdampf, aber nicht dauernd gegen flüssiges Wasser. Manche Kleber und Dichtstoffe sind besser UV-beständig, andere sind besser gasdicht. Der offene Folienrand von Verbundglas ist nur begrenzt wasserbeständig. Der Randverbund von Isolierglas wird undicht. Das Isolierglas isoliert nicht mehr.

Abb. 45: Wasser im Scheibenzwischenraum eines Isolierglases

Abb. 46: Wasser im Scheibenzwischenraum sogar im Flugzeug

Abb. 47: Loch in Isolierglas

Der Klebeverbund des Isolierglases ist nicht nur wie alle anderen Baustoffe empfindlich gegen eindringendes Wasser, wenn es friert, sondern wird auf Dauer undicht. Bei Schäden am Randverbund beschlagen die Scheiben innen, sie werden blind. Das ist zunächst nur Kondenswasser. Das Kondenswasser kann allerdings im Inneren eines Isolierglases niemand wegwischen. In den Wasserfilm diffundieren Alkalien aus dem Glas, die nach dem Wiederverdunsten des Kondensats in der nächsten Sonnenphase zurückbleiben. Glas ist nur von wenigen Substanzen chemisch angreifbar, doch dazu gehören außer den wenigen SiO_2 (Siliziumdioxid) lösenden Säuren eben diese Alkalien. Das Glas bleibt auch nach dem Verdunsten des Kondensats trübe.

Es sei denn, ein Schildbürger bohrt ein Loch ins Glas. Dann kann der Scheibenzwischenraum zwar entlüften, aber kaum mehr Wärme dämmen. Der klimatische Druckausgleich für den Scheibenzwischenraum ist noch nicht serienreif.

Der geklebte Randverbund muss trocken gehalten werden, um den allgegenwärtigen Alterungsprozess durch Risse, Spalten und Frost aufzuhalten. Da der wirklich dauerhaft dichte Glasanschluss bis auf Weiteres Illusion bleibt, erhält die zweite Entwässerungsebene eine ganz fundamentale Bedeutung.

Häufig zerstört ein simpler Fehler die Verglasungen, wenn ein Arbeiter es gut meint und Silikon reichlich verspritzt. Das Silikon verstopft dann örtlich die zweite Entwässerungsebene, Wasser staut sich örtlich, der Randverbund versagt, die Isolierglaselemente werden blind, die Durchsicht ist weg, die Glaselemente sind zu erneuern.

2.6 Wasser im Glasfalz

Wenn es Wasser im Glasfalz geben kann, wird es von Temperatur und Feuchte – mit anderen Worten vom Wetter – abhängen, ob dieses Wasser dampfförmig, flüssig oder als Eis auftritt.

DIN-Normen gaben lange eine andere, eine überraschende Antwort. Sie beschimpften sich gegenseitig. Die Norm zum Abdichten von Verglasungen mit Dichtstoffen, DIN 18545-1 und 3 aus den Jahren 1983 und 1992, galt bis 2015 mit der ungewöhnlichen Anmerkung. (Die aktuelle Neufassung 2014 der DIN 18055 enthält die Anmerkung nicht mehr).

»Anmerkung: Öffnungen zum Dampfdruckausgleich wurden bisher fälschlicherweise Entwässerungs- und Belüftungsöffnungen oder Glasfalzentwässerungen genannt«.

Die zitierte Schelte des Begriffs »Glasfalzentwässerung« bezieht sich auf die Norm zur Dimensionierung von Fenstern DIN 18055 von 1981.

»Es muss sichergestellt sein, dass in die Rahmenkonstruktion eingedrungenes Wasser unmittelbar und kontrolliert abgeführt wird, um Schäden am Fenster und am Baukörper zu vermeiden.«

Die Glasfalznorm DIN 18545 aus 2015 und die Norm der Profile von Holzfenstern DIN 68121-2:1990 halten sich an den Dampfdruckausgleich. Die VOB (DIN 18361 Verglasungsarbeiten) schrieb bis Ausgabe 1988 »Glasfalzentwässerung« und seit der Ausgabe 1992 heißt es »Dampfdruckausgleich«.

Fragt sich nur, warum Öffnungen für den Dampfdruckausgleich nicht für eine Art Kamineffekt oben angeordnet werden müssen. Bei Öffnungen für die »Glasfalzentwässerung« ist die in allen genannten Normen vorgesehene untere Anordnung selbsterklärend. Es mag für Verbraucher unterhaltsam sein, wenn sich zwei gleichzeitig geschriebene Normen so wenig einig sind. Es geht dabei allerdings nicht um »Meinungen«, sondern um Physik. Wo es Dampf gibt, kann es auch Wasser geben. Ob Wasser oder Dampf vorkommen oder gar Eis, entscheiden nicht Normen, sondern das Wetter: Temperatur und Feuchte. Und das Wetter wird sich im Zweifelsfall gegen das geschriebene Wort durchsetzen.

Es wird also Wasser im Glasfalz geben, und dieses wird sich im Glasfalz ansammeln, wenn es nicht abgeleitet wird. Deshalb werden Verglasungen mit Öffnungen im Falzraum versehen, welche Kondensat aus dem Falzraum ableiten sollen. Die Öffnungen sind bei Holzfenstern unten im Falz vorgesehen und sind an Aluminium- und Kunststofffenstern als eckige Kappen auf den unteren Querprofilen unübersehbar. Die Frage, ob Dampf oder Wasser abgeleitet werden, hat das Wetter entschieden.

Das Institut für Fenstertechnik Rosenheim (ift) hat untersucht, dass Bohrungen kleiner als 8 mm bzw. Langlöcher kleiner als 5 mm × 20 mm auf Grund der Oberflächenspannung des Wassers unzureichend sind. Das kann physikalisch nur für flüssiges Wasser gelten und nicht für Dampf.

Die europäische Norm EN 12488 – Glas im Bauwesen – Empfehlungen für die Verglasung – Verglasungsgrundlagen für vertikale und geneigte Verglasung – aus dem Jahr 2016 anerkennt die Macht des Wetters und greift die Formulierung von 1981 »Entwässerung und Belüftung« auf.

Abb. 48: Ein Schlaumeier hat die Falzentwässerung einer Festverglasung zugeklebt

Abb. 49: Entwässerung eines Kunststofffensterprofils

Abb. 50: Die Entwässerungstülle einer Systemfassade wird dem Laien nicht auffallen

Abb. 51: Wintergarten

Zwischen Glas und Falzgrund muss der Abstand so groß sein, dass ein Dampfdruckausgleich möglich ist. Um »Tropfenbrücken« zwischen Falzgrund und Isolierglas zu vermeiden, sollte eine freie Glasfalzhöhe von 5 mm vorhanden sein, sagt »Hadamar« in seinen Richtlinien für das Verglasen mit Isolierglas. In der Praxis denken die Betroffenen sogleich, dass es reinregnet, wenn innen Wasser am Fenster steht. Dann weist ihnen der Fassadenbauer die Schlagregensicherheit seiner Verglasung nach und sein Anwalt schreibt etwas von Heizen und Lüften. Beides lässt die Nutzer hilflos zurück. Später stellt dann der Sachverständige nach einer Bauteilöffnung fest, dass Wasser sich im Falzraum so hoch aufstaut, bis es schließlich nach innen überläuft. Ursache ist erstaunlich oft ein allzu großzügiger Umgang der Glaser mit der Silikon-Dichtmasse, welches die Falzentwässerung verstopft.

Im Ergebnis sind Isolierglaselemente in einen dichtstofffreien Falzraum mit Entwässerung und Dampfdruckausgleich einzubauen. Der vollständig gefüllte Falzraum ist Geschichte. Der vollständig dichte Falzraum bleibt Illusion. EN 12488 schreibt: *»Ein Verglasungssystem mit ausgefülltem Falzraum wird für Mehrscheiben-Isolierglaseinheiten und Verbundglas nicht empfohlen.«* Verglasungen sind regensicher aber nicht wasserdicht.

2.7 Wasser im Fensterrahmen

Was oben über die Physik im Glasfalz steht, gilt gleichermaßen für die Falze zwischen Öffnungsflügel und dem am Gebäude befestigten Blendrahmen.

Unabhängig vom Material wird die Fuge zwischen dem verglasten Flügelrahmen und dem am Bau befestigten Blendrahmen mehrstufig, mit mehreren Anschlägen, hergestellt. Damit ist der Flügel um das Maß der Anschläge größer als die Öffnung im Blendrahmen.

In den Niederlanden öffnen Fenster traditionell nach außen, damit der heftige Seewind sie dicht andrückt. In Deutschland werden Fenster vorwiegend nach innen geöffnet. Nach innen öffnende Fenster schlagen gegen einen äußeren Anschlag. Die Außenöffnung ist kleiner als der Fensterflügel. Zwangsläufig würde im unteren Falz Regenwasser nach innen ablaufen, wenn nicht ein Wetterschenkel am unteren Querriegel dies verhinderte. Der Wetterschenkel überdacht den kritischen Anschlag und verhindert so, dass Wasser in die unteren Anschläge und in den Innenraum läuft. Der Wetterschenkel aus Holz war ein »Opferholz«. Man konnte ihn als Einzelteil erneuern und dadurch das Fenster für weitere Jahrzehnte ertüchtigen. Deswegen war der traditionelle Wetterschenkel nie zusammen mit dem unteren Querholz aus einem Stück Holz hergestellt, wie es einige fehlgeleitete Nostalgiker meinen heute anbieten zu sollen.

Bei modernen Holzfenstern ist der Wetterschenkel nach innen verlegt, aus Aluminium gefertigt und durch Öffnungen nach außen entwässert. Kritischer Punkt ist das Zusammenstoßen von Aluminium und Holz. Die Fuge wird gemeinsam von Kunststoffendstücken und elastischem Dichtstoff abgedichtet. Holz, Aluminium, Kunststoff und Dichtstoff sind vier Materialien auf einer Fläche so groß wie eine Briefmarke. Damit bleibt dieser Punkt nach wie vor der kritische Punkt eines Holzfensters.

Abb. 52: Wetterschenkel an einem historischen Holzfenster

Abb. 53: Durch Fäulnis zerstörte Fensterecke

Abb. 54: Pilze sprießen in der Fensterecke

Abb. 55: Innenliegender Wetterschenkel aus Holz

Holzfenster haben innen dichtere Anschläge als außen, um nach der klassischen Innen-dichter-als-außen-Regel Kondensat im Falz nach außen abzulüften. Bei diesen Fenstern liegt die Dichtung weder im äußeren noch im inneren Anschlag, sondern geschützt in der Mitte.

Kunststofffenster und Aluminiumfenster haben innen und außen Anschläge mit etwa gleichwertigen Dichtungen. Dafür ist der Falz dazwischen mit Öffnungen nach außen entwässert. Wasser steht im gefällelosen Falz, bis es sich so hoch anstaut, dass es durch hydrostatischen Druck die Adhäsion überwindet und fortläuft. Der Versuch, diese Bauart auf Holzfenster zu übertragen, muss misslingen. Denkmalschutz allein ändert das Zusammenwirken von Holz und Wasser nicht. Bis das Wasser abfließt, ist das Holz verfault.

Dichte Fensterkonstruktionen müssen also nicht nur das Eindringen von Regen und Wind in das Gebäude verhindern, sondern auch das Eindringen von Wasser in das Fenster selbst begrenzen und eingedrungenes Wasser nach außen ableiten.

Terrassentür

Das mag Detailwissen des Fensterbauers sein, solange nicht an Terrassentüren die Falzentwässerungen unter den Anschluss der Abdichtung an die Türschwelle gerät. Dann nämlich droht die Falzentwässerung unter die Abdichtung zu fließen. Wenn es im Raum darunter tropft, ist die Abdichtung vielleicht gar nicht undicht, sondern wird hinterlaufen. Siehe Abschnitt 1.10.

Die Erfinder großer fast rahmenloser Schiebetürelemente verwenden wesentliche Sorgfalt darauf, die Entwässerung der Falzprofile zu planen, darzustellen und auch auszuführen.

Abb. 56: Skyframe (der Schnitt dazu ist als Abb. 30 wiedergegeben)

Abb. 57: Profilentwässerung durch Abdichtung verklebt und durch Sockelblech abgedeckt

Bei dieser Konstruktion liegt die Falzentwässerung (siehe Kapitel 2.6) unter dem Belag, aber bitte über der Abdichtung. Die Öffnung darf durch die angeschlossene Abdichtung nicht versperrt werden, sonst läuft Wasser unter die Abdichtung. Auch das Profil des inneren Schiebelements, nicht nur das Profil des äußeren Schiebelements, muss so entwässert werden. Prospektdarstellungen zeigen immer den einfacheren von zwei Fällen.

Verglasungen weisen eine zweite Entwässerungsebene auf, ebenso wie Dächer oder andere Konstruktionen. Der Großteil des Niederschlagswassers läuft über die äußere Bauteiloberfläche ab, aber unvermeidlich in die Konstruktion eindringende Wassermengen sind geordnet abzuführen.

2.8 Wasser in der Fenstereinbaufuge

Glas ist mit dem Gebäude nur indirekt verbunden. Alle drei Schnittstellen, zwischen Glas und Rahmen, zwischen Flügelrahmen und Blendrahmen und zwischen Blendrahmen und Gebäude müssen außen schlagregensicher, innen luftdicht und dampfdicht, und dazwischen wärmegedämmt sein. Die anzuwendende Technik ist für die drei Schnittstellen verschieden.

In der Fuge zwischen Fenster und Gebäude soll die innere Dichtebene dampfdicht und luftdicht das Eindringen von Innenluftfeuchte in die Fugenkonstruktion verhindern. Eine Luftströmung von der Raum- zur Außenseite durch Anschlussfugen muss ausgeschlossen werden. Bei der Planung und Montage muss beachtet werden, dass die Trennung von Raum- und Außenklima umlaufend und dauerhaft dampfdiffusionsdicht bleibt. Nur so kann der Tauwasseranfall im Bereich der Einbaufuge verhindert werden. Die allgemeine Regelung steht seit Jahrzehnten in Regelwerken. Allein die kochrezeptartigen Verarbeitungsvorschriften einiger Regelwerke sind jüngeren Datums. Eine korrekte Detailausführung steht seit 1996 in der Wärmdämmnorm DIN 4108 Teil 7 – Luftdichtheit von Gebäuden. Der Leitfaden zur Planung und Ausführung der Montage von Fenstern und Haustüren für Neubau und Modernisierung (zuletzt Ausgabe 2020 erstellt von Gütegemeinschaft Fenster, Fassaden und Haustüren e. V. und ift Institut für Fenstertechnik, Rosenheim) regelt in Wort und Bild ausführlich, wie Fensteranschlussfugen herzustellen sind. Da bleibt der Praxis nur noch die richtige Ausführung.

Geeignete Materialien sind Dichtstoffe, Klebebänder und Anputzleisten. Anputzleisten verbinden in einem Kunststoffteil die Aufgabe des Klebebands mit dem sauberen Putzanschluss und der Befestigung der Schutzfolie während der Bauzeit. Schaden droht, wenn am Rollladenkasten ein Detail A (zum Beispiel Dichtungslippe) und am Putzanschluss ein Detail B (zum Beispiel Anputzleiste) und an der steinernen Fensterbank ein Detail C (zum Beispiel Klebeband) ausgeführt werden. Der Wechsel der Abdichtungsart und Abdichtungsebene wird dann allein mit einem nussgroßen Spritzer Dichtmasse aus der Kartusche der Dichtstoffindustrie überbrückt. Wie der auf dem Fenster und auf dem Mauerwerk getestete und bewährte Dichtstoff auf einem Klebeband haftet, bleibt ein Experiment mit ungewissem Ausgang. Wie immer brauchen von dem Normprinzip abweichende Lösungen einen Eignungsnachweis, den es für solche Basteleien regelmäßig nicht gibt. Der einschlägige Teil der Wärmeschutznorm DIN 4108-7 fordert denn auch, die Luftdichtheitsebene erstens zu planen und zweitens einheitlich festzulegen. Damit sind die beschriebenen Basteleien nicht nur in der Praxis erfolglos, sondern auch falsch geplant, mit entsprechenden Haftungsfolgen im Schadensfall.

Der Fugenraum selbst wird traditionell mit Mineralwollezöpfen ausgestopft oder neuzeitlich mit Dämmschaum gefüllt. Sowohl Mineralwollezöpfe als auch Dämmschaum sind nicht auf Dauer wasserbeständig, weshalb die Anschlussfugen innen und außen wirklich dicht abgeschlossen sein müssen. Die äußere Dichtebene muss gegen Schlagregen schützen. Dazu gibt es wiederum Anputzleisten, Kompressionsdichtungsbänder und Klebebänder. Die sogenannten Kompressionsdichtungsbänder sollten eigentlich Quellbänder heißen, weil sie schlank eingebaut werden, und bis zum dichten Fugenverschluss aufquellen.

Verantwortlichkeit

Alle drei Abdichtungsfunktionen, innen, im Wandquerschnitt und außen, weist die Verdingungsordnung für Bauleistungen VOB dem Tischler in seiner Funktion als Fensterbauer zu, auch für Kunststofffenster. Für Metallfenster steht dieselbe Festlegung bei Metallarbeiten. Alle drei Schutzmaßnahmen gegen Niederschlag, Wärmeverlust und Kondensat sind Nebenleistung, welche ohne Erwähnung im Vertrag und ohne besondere Vergütung zur vertraglichen Leistung gehört. In der Praxis werden aber die oben genannten Anputzleisten oft vom Putzer angebracht. Für die Ausführung durch den Putzer spricht, dass der Putz nicht ohne spezielle Maßnahmen gegen den Rahmen gearbeitet werden kann. Infrage kommen Kompriband, Kellenschnitt oder die oben beschriebene Anputzleiste. Das entlastet den Fensterbauer baupraktisch, ohne ihn aus seiner vertraglichen Verpflichtung zu entlassen. Solch unübersichtliche Verantwortlichkeiten fallen im leider gar nicht seltenen Schadensfall auf den Planer zurück. Planer ist der Rechtsbegriff für den Bestqualifizierten unter den infrage kommenden Verantwortlichen, und das ist der Fensterbauer, wenn kein Architekt oder Ingenieur in Anspruch genommen werden kann. Der »Planer« – auch wenn er Handwerker ist – ersetzt nicht nur die mangelhafte Bauleistung, sondern auch sogenannte Vermögensschäden wie Mietausfall, Zinsen, und was die Auftraggeber sonst fordern mögen.

DIN und Praxis

Nach den in DIN und Richtlinien veröffentlichten Regeln soll die Fuge aus einem Kompriband als Schlagregenschutz, dem Dämmschaum im Bauteilinnern und einer elastischen Fuge innen an der Raumseite hergestellt werden. Die elastische Fuge ihrerseits braucht eine Vorlage aus einem Dämmstoffschlauch, um sie vor der schädlichen Dreiflankenhaftung zu bewahren. Die Fuge zwischen Fensterrahmen und Leibung, die etwa 1,5° cm breit und ungefähr 6 bis 7 cm tief ist, etwas größer als eine Briefmarke, enthält also vier verschiedene Baustoffe. Und das soll am Bau im Freien bei Wind und Wetter ausgeführt werden.

Die Praxis ist hier zum Glück schlauer als die Regeln. Wie auf anderen Gebieten auch, ist die Industrie auf dem Gebiet der praktikablen Lösungen findiger als die Norm, die die Anforderungen festlegt. Es gibt geeignete Klebebänder für innen und außen, von einzelnen Anbietern sogar dasselbe Klebeband für innen und außen als sogenannte variable Dampfsperre.

Die Fenstereinbaufuge ist praktisch gelöst. Institute, Verbände (zum Beispiel ifb, FFB, VFF, RAL, ...) und Hersteller publizieren übereinstimmende Einbauanleitungen. Wer hier immer noch pfuscht, erfährt die Botschaft von Herrn Gorbatschow: Wer zu spät kommt, den bestraft das Leben.

Einbauzarge

Wegen der hohen klimatischen Anforderungen an den Einbau werden Fenster vor dem Innen- und Außenputz eingebaut. Und werden dann oft verkratzt und beschädigt. Daraus resultiert die Frage, ob nicht eine Einbauzarge oder ein Montagerahmen – früher ein Blindstock – in der Bauphase den Platz des Fensters hält, bis die gröberen Bauarbeiten fertig sind. Was in südlichen Ländern schon lange geht, ist im Norden eine nicht hinnehmbare Wärmebrücke. Die Industrie arbeitet an Lösungen.

2.9 Pfosten-Riegel-Konstruktion

Die Anordnung der oben beschriebenen Entwässerungen von Falzen und Rahmen unterscheidet ganz grundsätzlich die Pfosten-Riegel-Konstruktionen von den Rahmenkonstruktionen. Die Rahmenkonstruktion ist von Bauteilbewegungen entkoppelt am Gebäude befestigt. Jeder Rahmen entwässert die Falze eines Fensterelements mit seinen vier – oder bei Waldorfschulen fünf – Seiten nach außen.

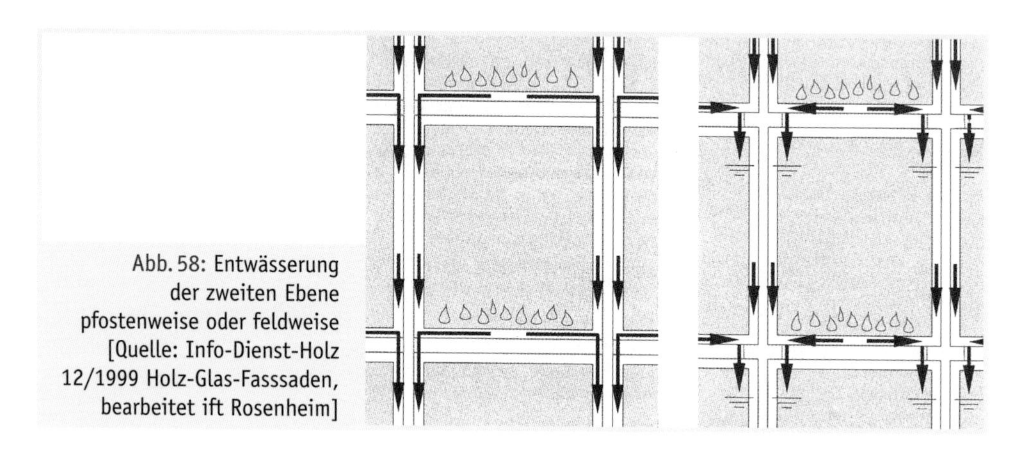

Abb. 58: Entwässerung der zweiten Ebene pfostenweise oder feldweise [Quelle: Info-Dienst-Holz 12/1999 Holz-Glas-Fasssaden, bearbeitet ift Rosenheim]

Pfosten und Riegel einer Pfosten-Riegel-Konstruktion sind punktförmig am Bauwerk befestigt und umhüllen das Bauwerk wie eine Fachwerkwand, von der auch die Begriffe entlehnt sind. Pfosten und Riegel bilden eher ein Netz als einzelne feste Rahmen. Die Fugen zwischen Pfosten und Füllungen – nunmehr bevorzugt aus Glas – können begrenzte Bauteilbewegungen aufnehmen. Die Dimensionen der Bauteilbewegung übertreffen deutlich die oben dargestellten zwischen Glas und Rahmen. Die in Abschnitt 2.6 dargestellte Falzentwässerung entwickelt sich zur zweiten Entwässerungsebene, wie bei einem geneigten Dach. Wasser kann, wie beim Fenster, feldweise ablaufen oder aber die Falzentwässerung wird über die Riegel in die Pfosten geführt und gesammelt abgeleitet. Siehe Abb. 58. DIN EN 12488 nennt das »kaskadenförmige Profilentwässerung«.

Zur Vermeidung von Fassadenverschmutzungen wird die Entwässerung der zweiten Entwässerungsebene häufig bis zum Fußpunkt der Fassade in Profilen gesammelt. Bei mehrgeschossigen Fassaden ergeben sich am Fassadenfußpunkt erhebliche Entwässerungsaufgaben. Es ist bezeichnend für die Komplexität der Aufgabe, dass in den Werbeunterlagen der Fassadenhersteller umfangreiche Darstellungen der Pfosten und Riegel gegeben werden, schon weniger Darstellungen von Traufpunkten und seitlichen Bauteilanschlüssen und meist gar keine Darstellungen der unteren Fußpunkte.

Ein berühmter amerikanischer Architekt weißer Gebäude ist ein Perfektionist innen liegender zweiter Entwässerungsebenen. In einer deutschen Sparversion ersetzte das Wärmedämmverbundsystem die weißen Bleche. Das ist der Architektur schlecht bekommen. Die Folgen waren nicht nur hässlich, sondern erhebliche Bauteilzerstörungen.

Kondenswasser der inneren Glasoberflächen kann am Fußpunkt in eine Entwässerungsrinne im Rauminneren geführt werden, von der aus das Wasser über die Raumbeheizung verdunstet wird, oder Kondensat kann nach außen ins Freie geführt werden, bevorzugt am Sockel in frostsicherer Tiefe. Sonst können im Winter an den Auslässen Eiszapfen entstehen.

Abb. 59: Unterdach und zweite Entwässerungsebene finden nicht zueinander

Schrägverglasung

Beim Anschluss von Schrägverglasungen an andere Dächer müssen die Ebenen Außenhaut, zweite Entwässerungsebene, Wärmedämmung und innere Dampfsperre jeweils aneinander angeschlossen werden. In einem Schadensfall hörte die zweite Entwässerungsebene seitlich einfach auf, weil zwei Handwerker nicht koordiniert arbeiteten. Wasser tropfte vom Glasdach in den Innenraum, obwohl die Außenhaut sich bei Bewässerungsproben als regensicher erwiesen hatte. Erst die Bauteilöffnung offenbarte die Lücken der zweiten Entwässerungsebene.

Fenster in Pfosten-Riegel-Konstruktionen

In Pfosten-Riegel-Konstruktionen können Fenster als Lüftungsflügel eingebaut werden. Dabei unterliegt es der Frühjahrs- und Herbstmode, ob Flügel als solche erkennbar sein sollen oder getarnt, wie festverglaste Felder, aussehen sollen. Die Technik macht beide Lösungen möglich.

Abb. 60: Geschlossener Lüftungsflügel bündig mit Festverglasung

Abb. 61: Öffnungsflügel formal abweichend von Festverglasung

Profilbreiten

Die Ansichtsbreite der Profile handelsüblicher Pfosten-Riegel-Konstruktionen hat sich bisher nicht zufällig bei ca. 5 cm eingependelt. Für die Krafteinleitung ist ein Glaseinstand im Falz von mindestens 10 bis 15 mm erforderlich (genauer im Kapitel 3). Außerdem muss der Glaseinstand die Breite des geklebten Randverbunds abdecken, oder der Randverbund ist besonders beständig gegen ultraviolette Strahlung auszubilden. Zwischen den beiden Glasfalzen ist eine mechanische Befestigung der Glashalteleisten angeordnet, deren Standsicherheit unter Last und Wind nachzuweisen ist. Die Falze sind zu entwässern, wozu sie eine Breite von jeweils mindestens 5 mm brauchen, damit nicht »Tropfenbrücken« durch Adhäsion zwischen Glas und Rahmen hängen bleiben. Vor wenigen Jahren waren es noch erst 8 cm und dann 6 cm. Eine Profilbreite von 50 mm war bei zwei Glaseinständen je 15 mm, zweimal Falzluft je 5 mm und 10 mm für die Verschraubung im Schraubkanal lange eine Untergrenze.

Zuletzt wurde der Schraubkanal samt dem in manchen Profilen umgebenden Dämmblock weggelassen. Die Befestigung wird in Hinterschneidanker im Basisprofil verlagert. Damit konnten Pfosten-Riegel-Systeme mit einer Ansichtsbreite von ca. 4 cm auf den Markt gebracht werden. Ein größerer Glasanteil und geringerer Rahmenanteil der Fassade kompensiert den schlechteren U-Wert der weniger gedämmten Pfosten und Riegel. In Pfosten-Riegel-Konstruktionen sind weiterhin, wie an allen Bauteilen, Zuschläge für unvermeidliche Bauteiltoleranzen und zur Aufnahme thermischer Längenänderung zu berücksichtigen, von der Anforderung an die Verarbeitungsgenauigkeit nicht zu reden. Die Bemühung um stets schlanker werdende Ansichtsbreiten von Fensterprofilen stoßen in der Summe an Grenzen, die nur millimeterweise verschoben werden können.

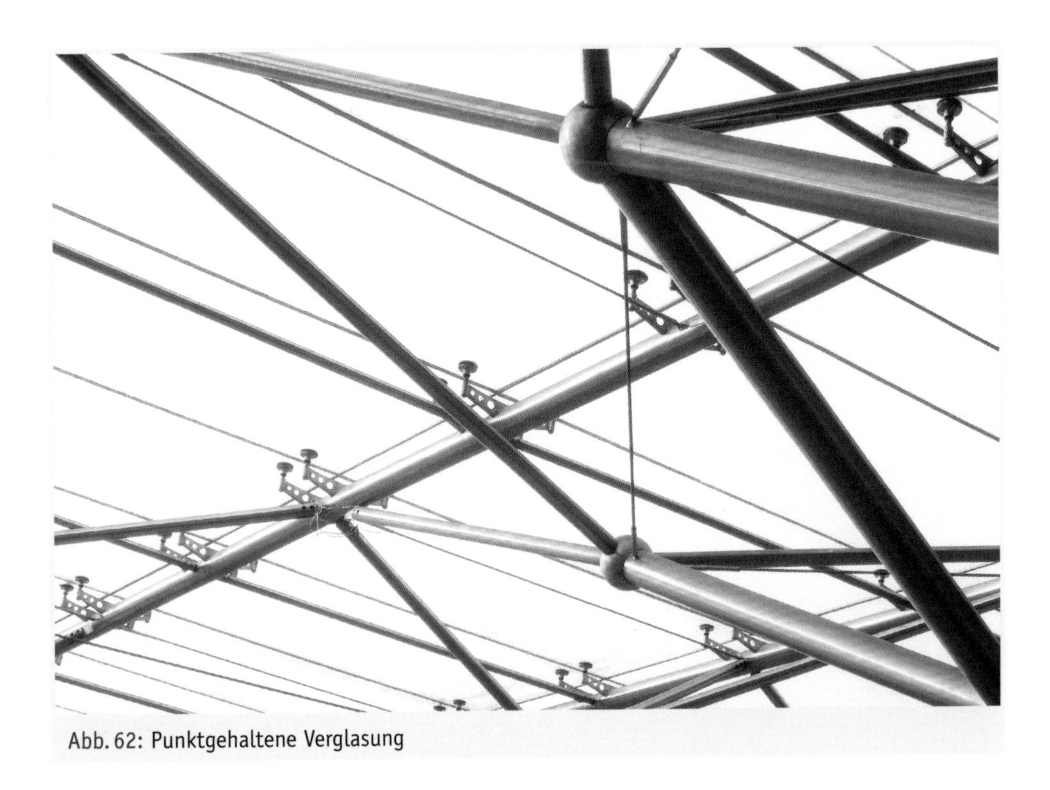

Abb. 62: Punktgehaltene Verglasung

2.10 Punktgehaltene Verglasung

Der Wunsch nach schlanken Ansichtsbreiten der Konstruktion stößt bei tragenden Glasfalzen an technische Grenzen. Wenn das Halten des Glases im Falz und das Abdichten der Fassade im Falz so aufwendig gemeinsam zu bewältigen sind, drängt sich der Gedanke auf, die beiden Aufgaben räumlich zu trennen. Die Folge sind die bekannten punktförmigen Glasbefestigungen mit Tellerhaltern, welche oft auf kreuzförmigen oder sternförmigen Grundträgern sitzen.

Diese Konstruktionen heben nicht auf, was zuvor über die Empfindlichkeit des Randverbunds gesagt wurde. So sind die Fugen zwischen Isoliergläsern nur scheinbar mit elastischer Fugenmasse gefüllt. Wenn man die Konstruktionsbeispiele der Hersteller durchblättert, zeigt sich, dass hier im Glaszwischenraum entlüftete und entwässerte Profile eingesetzt sind, und nur die Deckansicht des Glasstoßes mit einer Versiegelung geschlossen ist. Dabei wird weder der Kleberand eines Isolierglaspakets noch der Kleberand einer Verbundscheibe vollständig mit Dichtmasse versiegelt. Das gilt genauso für die freien Seiten von zweiseitig linienförmig gelagerten Verglasungen.

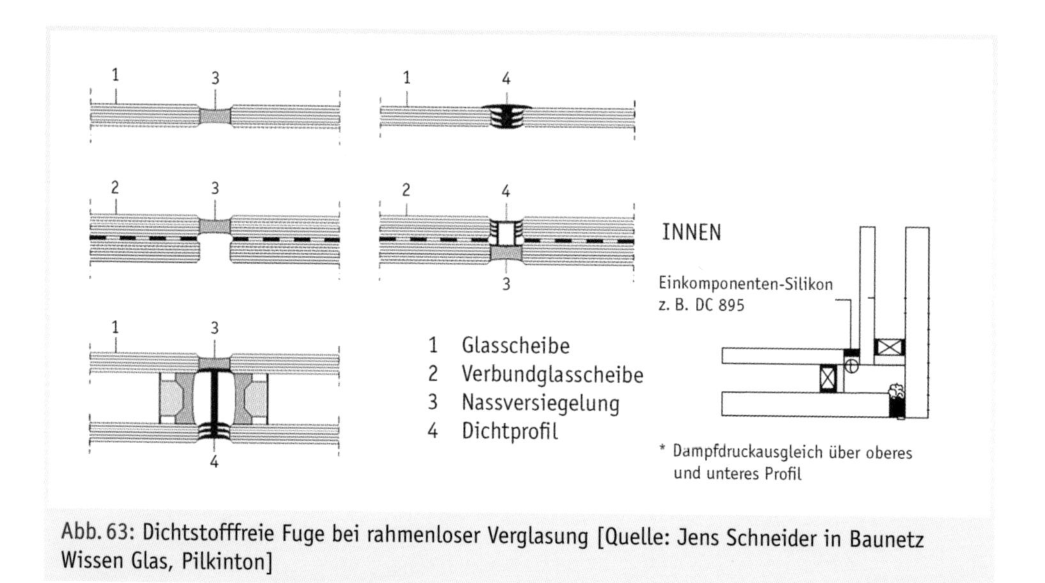

Abb. 63: Dichtstofffreie Fuge bei rahmenloser Verglasung [Quelle: Jens Schneider in Baunetz Wissen Glas, Pilkinton]

Vollsatt mit Versiegelungsstoff gefüllte Fugen sind teuer und obendrein ungünstig, weil die Glasfalzbelüftung und Entwässerung fehlen. Kondensat im Glasfalz tritt aus und schädigt den Randverbund oder die Verklebung von VSG. Das gilt alles auch für pfostenlose Ecken von Isoliergläsern, seien diese nun auf Gehrung geschnitten oder aus Stufenisoliergläsern zusammengesetzt. (Siehe Kapitel 3.3).

2.11 Kleben

Der Randverbund von Isolierglas muss in einem entlüfteten und entwässerten Falz gelagert sein. Diese Gesetzmäßigkeit wird auch dann nicht aufgehoben, wenn Glaskonstruktionen geklebt werden. Auch beim Kleben sind, wie bei den mechanischen Halterungen, dichtende und tragende Verbindungen zu unterscheiden und Falze zu entwässern (siehe Kapitel 3.6).

Abb. 64: Geklebte Verglasung am Auto mit geschliffener Glaskante und Falzentwässerung in eine Rinne

2.12 Zusammenfassung

Die meisten Bauteile mit Ausnahme von Flachdächern sind regensicher und nicht wasserdicht. Regensicher ist nicht wasserdicht. Aquarien aus Glas sind wasserdicht. Verglasungen am Bau sind – so verlangt es die Verdingungsordnung für Bauleistungen VOB zu Recht – regensicher. Die VOB verlangt nicht, dass Verglasungen wasserdicht ausgeführt werden. Der Unterschied ist folgenreich. Die Entwässerung von regensicheren Konstruktionen braucht Gefälle. Nur wasserdichte Konstruktionen können ohne Gefälle wasserdicht bleiben. Selbst jedes Schiff hat eine Lenzpumpe, kein Schiff ist wirklich wasserdicht. Der Glasfalz und der Fensterfalz sind in der Regel nicht auf Dauer wasserdicht. Das Wasser in seinen drei Aggregatzuständen und unter seinen unterschiedlichen physikalischen Einflüssen wird Zugang zum Falzraum finden. Der Falzraum ist zu entlüften, Wasser ist abzuleiten. Auch Falzräume, denen man diese physikalischen Eigenschaften nicht ansieht, unterliegen dieser Gesetzmäßigkeit. Die Entwässerung des Falzraums ist zu planen.

3 Baukonstruktion mit Glas

Abb. 65: Glas überbrückt große Spannweiten

3.1 Glas ist stabil

Glas ist ein stabiler Werkstoff. Glas ist so biegefest wie Holz, weniger biegefest als Metalle oder Kunststoffe. Die Belastbarkeit von Glas für Zug und Druck ist sehr verschieden. Wie bei Steinen und Beton ist die Druckfestigkeit um ein Vielfaches größer als die Zugfestigkeit. Die hohe Druckfestigkeit des Glases ist allerdings für übliche Anwendungen im Baubereich nicht maßgeblich. Die Festigkeit des Glases wird eher als Zug- bzw. Biegezugfestigkeit maßgeblich. Die Biegezugfestigkeit liegt durchaus im Bereich anderer geläufiger Baustoffe. Erstaunlich, dass es eine Flüssigkeit sein soll. Hier einige einfach anschauliche Werte aus der Literatur vor Einführung des europäischen Sicherheitskonzepts der Eurocodes nach Teilsicherheitsbeiwerten. Die Eurocodes gelten für alle Einwirkungen auf Tragwerke, auch für solche aus Glas. Nach Eurocode gibt es so einfach vergleichbare Zahlen nicht mehr. Angegeben wird die Bruchspannung, von welcher bei der Nachweisführung Grenzzustände der Tragfähigkeit und Grenzzustände der Gebrauchstauglichkeit ausgenutzt werden dürfen. Unter Gebrauchstauglichkeit sind hier die Begrenzung der Verformung und die Lagesicherheit zu verstehen.

Tab. 5: Biegezugspannungen

N/mm^2		Zulässige Biegezugspannung		
Baustahl	DIN 18800	100 bis 300		
Aluminium		100		
Beton (unbewehrt)		10		
Nadelholz parallel zur Faser	DIN EN 338	50		
Hart-PVC		80 bis 100		
	Horizontal-Verglasung (TRLV)	Vertikal-Verglasung (TRLV)	Kurzfristige Lastspitze (TRAV)	Mindestwert charakteristische Biegezugfestigkeit (DIN EN 572)
Gussglas	8	10		
Floatglas	12	18	80	45
Ornamentglas				25
VSG aus Float	15	22,5		
Emailliertes ESG	30	30		
ESG aus Gussglas	37	37		
ESG aus Floatglas	50	50	170	
TVG			120	

Alte Angaben in N/mm^2. Seit 1978 wird Kraft in Newton (N) gemessen. Aktuell nimmt MPa (Megapascal) als neuere Maßeinheit nach DIN EN 1991 die Stelle von N/mm^2 ein.

1 Pa ist 1 Newton/m^2.
1 MPa ist 1 Million Newton/1 Million Quadratmillimeter,
auch geschrieben als 1 MN/m^2,
gekürzt durch eine Million 1 N/mm^2.

Die Werte weisen Glas als hochfesten Baustoff aus. Seine nutzbare Tragfähigkeit entspricht fast derjenigen von Bauholz. Die Grenzen von Glas dürfen allerdings nicht ausgereizt werden, weil Glas spontan versagt. Glas bricht ohne Voranmeldung. Auch wenn die zerstörende Belastung langsam ansteigt, erfolgt der Bruch schlagartig. Deshalb heißt sein Riss zu Recht Sprung. Dem Glasbruch geht keine deutliche Dehnung voraus. Holz knirscht und splittert, bevor es versagt. Stahl und Leder strecken sich vor dem Versagen. Bei der Streckung erhöhen sie deutlich ihre Festigkeit, bevor sie jenseits der Streckgrenze versagen. Sowohl im Stahlbetonbau als auch in der Schuhherstellung wird der Effekt geplant ausgenutzt.

Die Biegezugfestigkeit von Glas darf weniger ausgenutzt werden als die anderer Baustoffe. Biegezugfestigkeit ist die Zugspannung in einem auf Biegung beanspruchten Werkstoffteil beim Bruch. Moderne Regelwerke der Reihe Eurocode kennen für verschiedene einmalige oder wiederkehrende, geplante oder unfallartige Belastungen und für die Überlagerung mehrerer Beanspruchungen aus Last, Wind, Schnee, Holmlast, Brand und Versagen benachbarter Bauteile unterschiedliche Sicherheitsbeiwerte. Beim einmaligen Stoß gegen absturzsichernde Verglasungen werden weit höhere zulässige Biegespannungen angesetzt als in der Belastung auf Dauer. Tatsächlich besitzt Glas – wie andere Baustoffe auch – eine begrenzte Selbstheilungsfähigkeit an den Spitzen von Rissen, die bei Beanspruchungen in größeren Abständen, wie zum Beispiel durch Wind, nicht zur selben Versagenswahrscheinlichkeit führt wie bei dauerhaften Beanspruchungen. Da Flachglas in der Regel nur einige Millimeter dick verarbeitet wird, während Holz einige Zentimeter dick und Massivbaustoffe einige Dezimeter dick verarbeitet werden, ist die Dimensionierung von Glas eine Präzisionsarbeit.

Die nutzbare Biegezugfestigkeit des Glases ist deutlich geringer als die Festigkeit seiner molekularen Bindungen. Die Festigkeit von Glas wird maßgeblich durch die Kerbempfindlichkeit der unter Zugbelastung stehenden Oberfläche geprägt. Durch die Kerbwirkung entstehen bei einer Zugbeanspruchung Spannungsspitzen am Rissgrund, wo die Spannung gegen unendlich tendiert, wenn der beanspruchenden Kraft am gedachten Rissende eine unendlich kleine Fläche zur Abtragung gegenüber steht. An dieser Stelle vergrößern Materialien wie Holz oder Stahl, Leder oder Lehm durch Verformung den mittragenden Querschnitt. Das tut Glas nicht, es bricht.

3.2 Glasbruch

Glas und Bruch sind sprichwörtlich miteinander verbunden. Der Künstler Marcel Duchamps hat das Modell eines Fensters deshalb »Streit« genannt. Das ist so symbolträchtig wie das Bild einer eingeschlagenen Fensterscheibe, einem Fußball und einem weglaufenden Kind. Die hier interessierenden Glasschäden sind allerdings nicht die bekannten sternförmigen Bruchbilder, die jeder kennt. Wenn an einer Glasscheibe punktförmig unverträgliche Kraft angreift, bricht sie sternförmig von der Angriffstelle aus. In Abb. 66 gibt es eine Kantenberührung in der Bohrung zwischen dem Glas und dem Stahlhandlauf. Die Durchdringung war schön zentrisch gezeichnet und ausgeführt, aber die Unterschätzung von Bauteiltoleranzen und Bauteilverformungen hat den Abstand zwischen Glasrand und Metallteil aufgehoben und führte zum Bruch. Bei der Untersuchung von Glasschäden muss man die Glaskante besonders im Blick behalten.

Wer im Glashaus sitzt, soll nicht Fußball spielen, sagt der Volksmund. Denn der Fußball durchbricht die Scheibe, wenn er heftig genug dagegen getreten wurde. Floatglas bricht dann zu schwertartigen und messerscharfen Scherben. Floatglas bricht beim Schlag sternförmig von der Schlagstelle aus. Da die Splitter von Glas Personen verletzen können, insbesondere, wenn Glas in Dächern oder in Brüstungen eingebaut wird, sind die Normen für Verglasungen nach der Reihe DIN 18008 als Technische Baubestimmungen nach MVV TB eingeführt.

Abb. 66: Glasbruch an Bohrung

Abb. 67: Sprung am Zwangspunkt

Mehrscheiben-Sicherheitsglas oder Verbund-Sicherheitsglas VSG bricht genauso sternförmig, aber die Folie hält die Scherben zu einer Resttragfähigkeit zusammen.

Thermischer Sprung

Glas kann ohne mechanische Einwirkung brechen, wenn Temperaturunterschiede einen Teil ausdehnen und einen anderen Teil kalt lassen. Das kommt beim Teeglas vor. Glas bricht dann charakteristisch an der Kante mit der größten Spannung. Glas reißt wie jeder andere Stoff auf dem kürzesten möglichen Weg senkrecht zur auftretenden Spannung. Da am Glasrand der Temperaturdehnung ein kleinerer Querschnitt – von einer als punktförmig angenommenen Belastung genau die Hälfte – gegenübersteht als in der Fläche, während der Temperaturunterschied derselbe ist, beginnt der Sprung am Rand. Die Kraft, die den Sprung vom Rand her einleitet, ist die Kerbspannung. Der kürzeste Weg ist senkrecht zur Glaskante und senkrecht zur Glasebene. Der Sprung folgt dem Spannungsverlauf, welcher mit fortschreitendem Sprung den geometrischen Verhältnissen der Restscheibe folgt, mit der Folge, dass der Sprung mehrfach seine Richtung ändert und schließlich irgendwo aufhört, sobald die Spannung abgebaut ist.

Besonders ungünstig ist bei thermischer Spannung die bedruckte Abgrenzung einer L-förmigen Fläche (Abb. 68). Der Sprung wird der so vorgegebenen Einkerbung folgen. Der Sprung hat es tatsächlich getan. Geometrie bleibt Geometrie, ob nun Estriche reißen oder Gläser springen.

Abb. 68: Diese Teilbeschichtung muss zum Sprung durch Temperaturunterschied entlang der Grenze der grauen Beschichtung führen

Abb. 69: Temperatursprung senkrecht zur Kante und senkrecht zur Glasoberfläche

Klimasprung

Der Sprung durch Temperaturunterschiede wird in der Literatur spitzfindig unterschieden vom Bruch von Isolierglas durch Klimaunterschiede. Die Luft oder das Gas im Scheibenzwischenraum von Isolierglas dehnt das Isolierglaspaket bei Wärme kissenförmig auf oder zieht es im Gegenteil bei Kälte zusammen (siehe auch Kapitel 1.3). Der Klimasprung ist ein bogenförmiger Sprung, welcher unter dem Einfluss der kissenförmigen Verformung des Isolierglaselements entsteht. Der Sprungverlauf folgt bogenförmig der Kissenform des thermisch verformten Isolierglases.

Kantenverletzung

Damit sind der Sprung durch Temperaturunterschied und der Sprung durch Klimaunterschied deutlich zu unterscheiden vom Kantensprung durch mechanische Verletzung, welcher durch eine Materialzerstörung am Rand gekennzeichnet ist, wie das Beispiel mit dem Stahlhandlauf (Abb. 66). Kantenverletzung ist besonders heikel bei thermisch vorgespannten Scheiben, welche bei Kantenbruch in Gänze zerbröseln. Die Norm DIN 18008-1 begrenzt deshalb zulässige Kantenverletzungen bei thermisch vorgespannten Scheiben auf 15 % der Scheibendicke, die Produktnorm für ESG-H auf 5 %. Von einer 6 mm dicken Scheibe sind 5 % nur 0,3 mm. Kanten müssen geprüft werden. Eine besondere Beleuchtung erleichtert die Untersuchung.

Abb. 70: Bruch an der Glaskante nach Korrosion des Rahmenmaterials

Abb. 71: Abgesplitterte Glaskante

Nicht nur vorgespanntes Glas bricht von der Kante her. Auch normale Glasschäden weisen – im Gegensatz zum Fußballtreffer mitten in der Scheibe – häufig einen Bruch von der Kante her auf. Kleinste Beschädigungen der Kante können sich zu Rissen in die Glasfläche ausweiten. Der Rissbeginn heißt in der Fachsprache der Glaser auch Einlauf. Linsenförmige Randverletzungen heißen auch Flinse. Glas darf nicht durch lokale Belastungsspitzen unzulässig beansprucht werden. Daraus ergeben sich Anforderungen an jede Unterkonstruktion.

Glas wird zugeschnitten, indem es angeritzt und dann längs der Ritzung gebrochen wird. Diese Kante ist keine glatte Kante. Glatte Kanten entstehen erst, wenn sie geschliffen werden. Kanten werden vor der Weiterverarbeitung zu ESG oder TVG geschliffen. Nach der Vorspannung oder auch am Isolierglas ist keine mechanische Bearbeitung der Scheibe mehr möglich. Wie der Klimasprung nimmt auch der Riss durch Verbiegen der Scheibe – zum Beispiel wegen ungenügender Festigkeit des Rahmens – einen kontinuierlichen Verlauf entlang der größten Verformung. Das klare Bild kann durch Folgerisse verstellt werden.

Abb. 72: Abgesprungene Linse an der Glaskante mit Riss

Abb. 73: Der Sprung beginnt mit dem Einlauf

Anforderungen

Bruch, Einsturz und Standsicherheit sind im Gegensatz zur Einwirkung von Wasser, Sonne und Licht umfangreich durch öffentlich-rechtliche Regelungen (siehe Anhang) gefasst. Es gelten, wie für alle Baustoffe und Bauarten, die

- Normen und Regeln und ihre Übereinstimmungsnachweise,
- allgemeine Zulassungen (europäisch oder national) nicht genormter Konstruktionen und
- Zulassungen im Einzelfall.

Baulichen Abenteurern sei stets in Erinnerung gerufen, dass es keine vierte Art der Anerkennung gibt. Neuartige Erfindungen sind mit der Bauaufsichtsbehörde abzustimmen.

Die Anforderungen der Baunormen, der Sonderbauvorschriften (zum Beispiel für Schulen und Kindergärten) und des Arbeitsschutzes haben unterschiedliche Begrifflichkeiten.

- Bruchsicher ist für den Arbeitsschutz nicht, dass die Scheibe nicht bricht, sondern dass sie gefahrlos bricht. Gefahrlos brechen heißt, im Schadensfall ohne spitze oder scharfkantige Bruchstücke. Keine ausreichenden Sicherheitseigenschaften im Sinne des Arbeitsschutzes

haben u. a. Floatglas, Profilbauglas mit und ohne Drahteinlage, Ornamentgläser und teilvorgespanntes Glas in monolithischer Form.
- Nicht grob brechendes Glas ist der Begriff für Glas, das kleinteilig bricht, sodass beim Bruch Personen nicht schwer verletzt werden. Zum Beispiel in Versammlungsstätten, Schulen und Kindergärten.

Sicheres Bruchverhalten bedeutet nach DIN 18008, dass bei einem Bruch die Bruchstücke zusammengehalten werden und nicht zerfallen, oder der Zerfall erfolgt in eine große Zahl kleiner Bruchstücke. Das Bruchverhalten gilt als sicher, wenn es die Normen für Sicherheitsglas erfüllt. Drahtglas besitzt kein sicheres Bruchverhalten. (*TVG hat nach* DIN EN 1863 *nur* »verbessertes Bruchverhalten«)

- Tragfähigkeit: Beanspruchungen aus Eigenlast, Nutzlast, Schnee, Wind usw. werden durch statischen Nachweis ermittelt.
- Gebrauchstauglichkeit begrenzt die Durchbiegung des Glases, damit es nicht aus dem Glasfalz rutschen kann. Die Norm nennt diese Anforderung »Resttragfähigkeit«.
- Resttragfähigkeit beweist das Verhalten bei Bruch, zum Beispiel die Fähigkeit einer Verglasung, im Falle eines festgelegten Zerstörungszustands unter definierten äußeren Einflüssen (Last, Temperatur, usw.) über einen ausreichenden Zeitraum standsicher/tragfähig zu bleiben.
- Absturzsichernde Verglasung darf brechen, muss aber auch im gebrochenen Zustand Personen zuverlässig vor dem Durchsturz bewahren.
- Stoßsicherheit soll sicherstellen, dass Personen beispielsweise beim Stolpern nicht abstürzen und Personen auf Verkehrsflächen unterhalb der Verglasung vor herabfallenden Gegenständen geschützt werden.
- In der Folge werden auch Begriffe wie begehbar, betretbar, durchsturzsicher, durchwurfsicher und so weiter unterschieden.

Aus den beobachteten Brucheigenschaften ergeben sich Anforderungen an die Glasart und die Glasdicke, an den Kantenschutz, an die Verarbeitung der Kanten, Glasbohrungen und Ausschnitte, an Schutz vor unterschiedlichen Temperaturen sowie an das Verhältnis von Länge zu Breite. Die Gesetzmäßigkeiten des Glases und die Glasbaunormen unterscheiden nicht zwischen Fenstern und Türen, auch wenn Unfallverhütungsvorschriften für Arbeitsstätten und Schulen hier Unterscheidungen treffen mögen.

- Regeln zu Verglasungen stehen in DIN 18008
- Regeln zu Glasfalzen stehen in DIN 18545
- Wesentliche Regeln zu Fenstern stehen in DIN EN 14351

3.3 Linienförmig gelagerte Verglasung (zu DIN 18008-2)

Die linienförmige Lagerung der Verglasung – im Gegensatz zur punktförmigen Lagerung – war bis vor wenigen Jahren die einzige praktikable Art, Glas einzubauen. Die Regelungen der bauaufsichtlich eingeführten DIN 18008-2 für die Anforderungen an Tragfähigkeit und Durchbiegung von Glasscheiben haben ab 2010 die früheren Technischen Regeln für die Bemessung von linienförmig gelagerten Verglasungen (TRLV) abgelöst. Die Regeln galten zunächst 1996 nur für horizontale, seit 1998 auch für vertikale Verglasungen. Horizontalverglasungen hießen früher bildhaft erklärend und seit 2020 wieder Überkopfverglasungen. Bevor das Institut für Bautechnik in Berlin diese Regeln amtlich veröffentlicht hat, gab es Regelungsvorschläge des Instituts des Glaserhandwerks (1981 und 1987). Erst regelt der Handwerksverband, dann lässt der Staat regeln, und im Dezember 2010 folgte die Norm DIN 18008-2 für linienförmig gelagerte Verglasungen mit einer Berichtigung im April 2011 und neuer Fassung 2020. Die Norm übernimmt wesentliche Regelungen aus der Technischen Regel. Neu war 2010 der Standsicherheitsnachweis nach Eurocode und die Einbeziehung von teilvorgespanntem Glas TVG. 2020 wurde die Einschränkung auf ebene Verglasungen gestrichen und die Glasdicke wurde weiter gefasst, jetzt von 2 mm bis 25 mm. Für Glasdicken von 2 mm wurden separate Materialteilsicherheitswerte ergänzt.

Eine Seite gilt als linienförmig gelagert, wenn die Auflager gegen Verformung ausreichend beständig sind, wobei »ausreichend« nach der Norm für Lastannahmen im Bauwesen zu ermitteln ist.

Die linienförmige Lagerung muss quer zur Scheibenebene auch gegen Abheben durch entsprechende Abdeckprofile wirksam sein. Bei der Durchbiegung darf kein Kontakt zwischen Glas und harten Werkstoffen wie Metall entstehen. Die Gläser dürfen nicht verrutschen.

Die linienförmige Lagerung der Verglasung muss an mindestens zwei gegenüberliegenden Seiten beidseitig (Druck und Sog) quer zur Scheibenebene wirksam sein. Gegenüberliegend heißt nicht über Eck. Bei mehrscheibiger Verglasung, insbesondere Isolierverglasung, muss die linienförmige Lagerung für alle Scheiben wirksam sein, wovon zum Beispiel bei begehbaren Isolier-Verglasungen mit Stufenfalz abgewichen wird (siehe Kapitel 3.5).

Wenn eine Scheibe vierseitig aufliegt, aber nur an zwei Seiten gehalten ist, ist sie als zweiseitig gelagert zu dimensionieren, denn nur zwei Seiten sind gegen Abheben gesichert. Ein vierseitig aufliegendes Isolierglas eines Wintergartens mit einem Stufenfalz an der Traufe gilt aus demselben Grund als dreiseitig gelagert. Dreiseitige Lagerung ist zu dimensionieren wie zweiseitig gelagert.

Schall- und Wärmeschutz, die zusätzlichen Anforderungen an absturzsichernde Verglasungen, begehbare Verglasungen oder zu Reinigungszwecken bedingt betretbare Verglasungen sind gesondert dargestellt (siehe Kapitel 3.5). Einseitig eingespannte Umwehrungen sind eine Sonderform der absturzsichernden Verglasung (siehe Kapitel 3.4). (Brandschutz siehe Kapitel 4.4).

Der Glaseinstand, mit dem das Glas im Falz verankert ist, ist nach DIN 18545 zu dimensionieren, bei allseitiger linienförmiger Lagerung beträgt er mindestens 10 mm. Bei zwei- oder dreiseitiger linienförmiger Lagerung beträgt der Glaseinstand das Maß der Glasdicke plus 1/500 des Glasmaßes, mindestens jedoch 15 mm. Für sehr große Gläser und zusätzliche Anforderungen können sich deutlich größere Glaseinstände ergeben. Der Glasfalz ist um das Maß der Falzluft höher als der Glaseinstand.

Tab. 6: DIN 18545 Tabelle 1 – Glasfalzhöhe für Verglasung mit Dichtstoff

Längste Seite der Verglasungseinheit	Glasfalzhöhe h bei	
	Einfachglas	Mehrscheiben-Isolierglas[a]
bis 1 000	10	18
über 1 000 bis 3 500	12	18
über 3 500	15	20

a Bei Mehrscheiben-Isolierglas mit einer Kantenlänge bis 500 mm darf mit Rücksicht auf eine schmale Sprossenausbildung die Glasfalzhöhe auf 14 mm und der Glaseinstand auf 11 mm reduziert werden.

Die Ausbildung der Dichtstofffuge (bzw. des Vorlegebands) verlangt in Abhängigkeit von der Scheibengröße Falzhöhen zwischen 10 und 20 mm, wovon der Glaseinstand in der Regel zwei Drittel beträgt. Das sind dann wieder 10 bis 15 mm, wie oben beschrieben. Für absturzsichernde oder begehbare Verglasungen gelten zusätzliche Anforderungen.

Isolierglaseinheiten werden in einen dichtstofffreien Glasfalzraum eingebaut. Der in der alten Fensternorm noch mitgeführte gefüllte Falzraum ist gar nicht mehr vorgesehen, er würde die Entwässerung behindern. Siehe Kapitel 2.6.

Glasdicke

Die Glasdicke hängt von der Scheibengröße und Belastung ab. Die gute Nachricht zuerst. Bei folgenden, allseitig linienförmig gelagerten Konstruktionen ist ohne weiterführende Klassifizierung der Schadensfolge mit einer geringen Schadensfolge zu rechnen:

- MIG bis 0,4 m²
- MIG bis 2,0 m² mit folgenden Mindestdicken:
  - 4 mm bei monolithischen Einfachgläsern
  - 3 mm bei monolithischen Einfachgläsern aus TVG oder ESG
- VSG aus 2 mm Einfachgläsern
- 2 mm bei monolithischen Einfachgläsern aus TVG oder ESG im Scheibenzwischenraum von 3-fach MIG

Für Klimaeinwirkungen darf im Nachweis der Tragsicherheit der Teilsicherheitsbeiwert zu 1,0 gewählt werden.

Unterschreitet allerdings die Länge der kürzeren Kante den Wert von 500 mm (Zweischeiben-Isolierglas) und 700 mm (Dreischeiben-Isolierglas), so erhöht sich bei Scheiben aus thermisch nicht vorgespanntem Floatglas das Bruchrisiko infolge von Klimaeinwirkungen wegen der thermischen Volumenänderung des Füllgases. Aus ist es mit dem vereinfachten Nachweis. Glashersteller fordern in diesem Fall die Verwendung von ESG oder TVG. Es gelten drei weitere Bedingungen für den vereinfachten Nachweis. Die Norm besagt dazu:

»Der Bemessungswert der Verformung darf vereinfachend nach DIN EN 1990:2010-12,6.5.3 (2)a) und DIN EN 1990/NA:2010-12, Gleichung (6.14c) ermittelt werden. Auf gegebenenfalls höhere Anforderungen der Isolierglashersteller an die Durchbiegungsbegrenzung wird hingewiesen.«

Als Stützweite zur Dimensionierung der Glasdicke gilt das Glasaußenmaß. Die Lastverteilung im Glaseinstand wird dabei vernachlässigt, weil die Durchbiegung der linienförmigen Lagerung, wie oben angegeben, begrenzt ist.

Das Seitenverhältnis berücksichtigt die Tatsache, dass eine etwa quadratische Scheibe ihre Lasten gleichmäßig an vier Seiten abträgt, während eine längliche Scheibe alle Lasten weitgehend nur über die kurze Spannweite abträgt. Bei einem Seitenverhältnis von >3 : 1 bekommt das kurze Auflager fast keine Lasten mehr ab.

Abb. 74: Glasdach mit Durchbiegung unter Eigenlast

Zur Bestimmung der Glasdicke handelsüblich großer Scheiben gab es noch vor wenigen Jahren ein einfaches Diagramm, das auf einer Seite Platz fand. Für die alltäglichen Formate galten Dimensionierungstabellen des Instituts des Glaserhandwerks. Das Schweizerische Institut für Glas am Bau SIGAB erlaubte sich auch im Jahr 2017 die Publikation einer Richtlinie 003, die Glasdicken mit wenigen Diagrammen bestimmt. Mit der TRLV 1998 wurde die Glasdicke mit der EDV berechenbar. Auf diesem Wege geht DIN 18008 weiter. Nach DIN 18008-1 und 2 wird die Glasdicke von Einzelscheiben und Isolierglaseinheiten heute rechnerisch nach acht Kenngrößen bestimmt, welche mit insgesamt 51 Variablen auf die Scheibengröße einwirken.

- Materialkenngrößen,
- Einwirkungskombinationen,
- besondere Bedingungen am Einbauort,
- Beiwerte für Klima, Montage und Lasten,
- Modifikationsbeiwerte,
- Lasten (Windlasten, Eigenlasten, Eislasten, Erdbebenlasten usw.),
- Verteilung der Einwirkungen auf mehrere Scheiben eines Isolierglases,
- Seitenverhältnis und
- europäische Schadensfolgeklasse (Öffentliche Gebäude, Wohn- und Bürogebäude, Scheunen und Gewächshäuser).
- Die örtlichen Daten für Wind, Schnee- und Eis stehen auf der Internetseite des Deutschen Instituts für Bautechnik DIBt bereit.

Die EDV-Programme zur Berechnung der Glasdicke halten die Fachbetriebe des Handwerks und der Glaslieferanten vor. Am besten arbeiten Ingenieurbüros für Glasstatik mit diesen Programmen. Die Bestimmung der Glasdicke ist allerdings in der VOB dem Besteller auferlegt, in der Regel vertreten durch den Planer (Rechtsbegriff für Architekten und Ingenieure). Bei der Ausschreibung ist nicht zu vergessen, ausdrücklich zu benennen, wer die Glasdicken bestimmen soll.

Das ist die Theorie. Praxisferne Normen führen dazu, dass am Bau nicht nach Normen ausgeführt wird, sondern nach daraus abgeleiteten EDV-Programmen der Industrie und des Handwerks oder privater Anbieter. Wer schreibt diese EDV-Programme? Wer prüft sie? Wer versteht sie? Schon heute rechnen die in der Praxis maßgeblichen EDV-Programme die Energieeinsparung im Detail verschieden, obgleich sie nominal nach derselben öffentlich-rechtlich vorgegebenen Energieeinsparverordnung programmiert sein sollen. Ist der Anwender für die Abweichung verantwortlich? Daraus ergibt sich unmittelbar die Frage, wer sich bei Widersprüchen durchsetzt. Von Fall zu Fall kommen die Obergerichte zu dem Schluss, den Regeln der Industrie und des Handwerks den Vorrang vor den DIN-Normen einzuräumen. Zum Beispiel, das umstrittene Urteil des OLG Düsseldorf AZ 21 U 63/07 (Auszug): *»Die Flachdachrichtlinien geben eine klare Reihenfolge (der bevorzugt zu wählenden Ausführung) vor. (...) Dass in der DIN 18195 keiner Konstruktion der Vorrang eingeräumt wird, ist ohne Belang.«* Der nicht ganz unwichtige Senat entzieht der DIN-Norm den Status einer maßgeblichen allgemein anerkannten Regel der Technik zugunsten einer Handwerkerregel. Die Handwerkerregel soll demnach die allgemein anerkannte Regel der Technik sein und die DIN-Norm soll die Ausführungsbestimmung sein. Das war ursprünglich umgekehrt gedacht. Das Urteil sollte als Warnung verstanden werden. Allgemein anerkannte Regeln der Technik müssen nicht nur theoretisch richtig sein, sondern auch bei Fachleuten bekannt sein und in der Praxis bewährt.

Abb. 75: Überkopfverglasung (Architekten Hascher und Jehle)

Anforderungen für Horizontalverglasungen

Für Horizontalverglasungen ist 2020 der 2010 ausrangierte Begriff Überkopfverglasung wiederaufgenommen worden. Verglasungen gelten als Horizontalverglasungen, wenn ihre Neigung zur Senkrechten >10° beträgt, und als Vertikalverglasungen, wenn ihre Neigung zur Senkrechten ≤ 10° beträgt. Vertikalverglasungen sind wie Horizontalverglasungen zu dimensionieren, wenn sie – wie z. B. bei Shed-Dächern mit der Möglichkeit seitlicher Schneelasten – nicht nur kurzzeitigen veränderlichen Einwirkungen unterliegen.

Hinweis: Die europäische EN 12488 gruppiert die Neigungen anders. *»Geneigte Verglasungen weichen zwischen 15° und 85° von der Vertikalen ab.«*. Einen gewissen antieuropäischen Stachel kann sich DIN nicht verkneifen, und seien es nur 5°.

Für Überkopfverglasungen verwendbare Glasarten:

Zum Schutz von Verkehrsflächen darf für Einfachgläser bzw. das untere Einfachglas von Mehrscheiben-Isoliergläsern (MIG) nur ein Verbund-Sicherheitsglas (VSG) aus Floatglas, TVG oder Drahtglas verwendet werden.

Bei VSG aus mehr als zwei Glasscheiben müssen die beiden unteren Glasscheiben aus grobbrechenden Glasarten bestehen.

VSG aus ESG ist wegen seiner begrenzten Resttragfähigkeit zum Einsatz in linienförmig gelagerten Horizontalverglasungen nicht geeignet.

Folgende Überkopfverglasungen gelten als resttragfähig:

- Verglasungen sind an mindestens zwei sich gegenüberliegenden Seiten zu lagern.
- Die ausreichende Resttragfähigkeit darf durch Bohrungen und Ausschnitte nicht beeinträchtigt werden.
- Für Verbund-Sicherheitsgläser werden die Eigenschaften nach DIN 18008-1 Anhang B2 vorausgesetzt (Bedingungen für den Entfall des versuchstechnischen Nachweises, DIN EN 14449; Zwischenschicht 0,76 mm PVB, Eignungsnachweise für Beschichtungen, Emaillierung von TVG oder ESG zur PVB-Folie zulässig).
- VSG-Scheiben dürfen Bohrungen zur Befestigung von Klemmleisten haben.
- VSG-Scheiben mit einer Spannweite von mehr als 1,2 m sind allseitig zu lagern.
- Der minimale verbleibende Glaseinstand unter Berücksichtigung aller Toleranzen beträgt 10 mm.
- Die Nenndicke der Zwischenfolie von VSG muss mindestens 0,76 mm betragen. Bei allseitiger Lagerung von Scheiben mit einer maximalen Stützweite in Haupttragrichtung von 0,8 m darf auch eine Zwischenfolie mit einer Nenndicke von 0,38 mm verwendet werden.
- Der freie Rand von VSG darf – parallel und senkrecht zur Lagerung – maximal 30 % der Auflagerlänge, höchstens jedoch 300 mm über den von den linienförmigen Lagern aufgespannten Bereich auskragen.
- Die Auskragung einer Scheibe eines VSG über den Verbundbereich hinaus (z. B. Tropfkanten bei Überkopfverglasungen) darf maximal 30 mm betragen (Abb. 76).
- Drahtglas ist nur bis zu einer maximalen Stützweite in Haupttragrichtung von 0,7 m als Horizontalverglasung zulässig. Dabei muss der Glaseinstand mindestens 15 mm betragen.

Abb. 76: Auskragung eines VSG über die Lagerung hinaus

Abb. 77: Auskragung einer Scheibe eines VSG über den Verbundbereich hinaus

Abb. 78: Horizontalverglasung mit Folie

Abb. 79: Überkopfverglasung aus VSG aus Float nach dem Aufprall einer Last

Die untere Scheibe einer Horizontalverglasung aus Isolierglas ist stets auch für den Fall des Versagens der oberen Scheiben mit deren Belastung nachzuweisen. Das Versagen der oberen Scheiben ist bei der Bemessung der Resttragfähigkeit zu berücksichtigen.

Für die obere Scheibe von Isolierglas können alle geregelten Glaserzeugnisse einschließlich Floatglas eingebaut werden. Verbreitet ist ESG wegen seiner höheren Biegefestigkeit, die mit geringerer Dicke und geringerem Gewicht gegen Sturm und Hagel schützt.

In Deutschland sind Dachflächenfenster in den handelsüblichen Größen mit einer Lichtfläche / Rahmeninnenmaß bis 1,6 m² in Wohnungen und Räumen ähnlicher Nutzung, wie zum Beispiel Hotelzimmern und sogar Büroräumen, noch von den besonderen Anforderungen an Horizontalverglasungen befreit (MVV TB 2019 Nummer A 1.2.7.1 Anlage 1.2.7/3). Das sehen andere EU-Staaten nicht so großzügig.

Anforderungen für Vertikalverglasungen

Für Vertikalverglasungen verwendbare Glasarten:

Monolithische Einfachgläser aus grob brechenden Glasarten (z. B. Float, TVG, gezogenem Flachglas, Ornamentglas) und Verbundglas (VG), deren Oberkante mehr als 4 m über Verkehrsflächen liegt, dürfen nur verwendet werden, wenn sie allseitig gelagert sind. Monolithische Glasscheiben im Mehrscheiben-Isolierglas dürfen in diesem Sinne als durch den Randverbund gelagert betrachtet werden.

Abb. 80: Das Vertrauen der früheren TRLV in VSG aus ESG wird von DIN 18008 nicht geteilt

Bis 4 m Höhe dürfen ESG und ESG-H eingebaut werden. Für den Einbau über 4 m Höhe wird für die Heißlagerung definiert als »heißgelagertes thermisch vorgespanntes Kalknatron-Einscheibensicherheitsglas« DIN EN 14179 Zuverlässigkeitsklasse RC2. Der Nachweis wird möglich über eine freiwillige Fremdüberwachung eines geeigneten Instituts und nicht mehr ausschließlich mit der oberen Baurechtsbehörde. Aus ESG-H wird ESG-HF (Heißgelagert, Fremdüberwacht).

Für Konstruktionen, deren Resttragfähigkeit erbracht ist, gelten nachfolgend aufgeführte Randbedingungen:

Verglasungen sind an mindestens zwei gegenüberliegenden Seiten zu lagern.

Die ausreichende Resttragfähigkeit darf durch Bohrungen und Ausschnitte nicht beeinträchtigt werden.

Für Verbund-Sicherheitsgläser werden die Eigenschaften nach DIN 18008-1 Anhang B2 vorausgesetzt (Bedingungen für den Entfall des versuchstechnischen Nachweises, DIN EN 14449; Zwischenschicht 0,76 mm PVB, Eignungsnachweise für Beschichtungen, Emaillierung von TVG oder ESG zur PVB-Folie zulässig).

Sicherheitskonzept

Neue Normen sind zwar immer länger als die Vorgänger aber nicht immer klarer. Zitat aus DIN 18008:2020:

»Werden auf Grund gesetzlicher Forderungen zur Verkehrssicherheit Schutzmaßnahmen für Verglasungen erforderlich, kann dies beispielsweise durch Beschränkung der Zugänglichkeit (Abschrankung) oder Verwendung von Gläsern mit sicherem Bruchverhalten erfüllt werden.«

Die Norm verweist ausdrücklich auf § 37 Musterbauordnung (MBO), den die Landesbauordnungen nicht umgesetzt haben.

»(2) Glastüren und andere Glasflächen, die bis zum Fußboden allgemein zugänglicher Verkehrsflächen herabreichen, sind so zu kennzeichnen, dass sie leicht erkannt werden können. Weitere Schutzmaßnahmen sind für größere Glasflächen vorzusehen, wenn dies die Verkehrssicherheit erfordert.«

Die Arbeitsstättenverordnung 2017 lautet so ähnlich, aber nicht gleich (ArbStätt 2.1 Ziffer 1.7 Türen, Tore):

»(4) Bestehen durchsichtige oder lichtdurchlässige Flächen von Türen und Toren nicht aus bruchsicherem Werkstoff und ist zu befürchten, dass sich die Beschäftigten beim Zersplittern verletzten können, sind diese Flächen gegen Eindrücken zu sichern.«

Abb. 81: Glastüren

Am Ende wurde im Wohnungsbau doch nicht eingeführt, was für Schulen und Kindergärten, Arbeitsstätten und Versammlungsstätten schon lange gilt. Glaser, die sich keinen Bruch an VSG heben wollten, und die Wohnungswirtschaft, die Kosten vermeiden wollte, standen gegen die allgemeine Einführung von Gläsern mit sicherem Bruchverhalten. Dabei kam nicht zum Zuge, dass Mehrscheiben-Isolierglas aus VSG aus zwei je 2 mm dicken Einzelscheiben bis 2 m^2 Fläche ohne weiteren Nachweis zulässig ist. Aus solchem Glas sind die garagentorgroßen Windschutzscheiben von Omnibussen ohne Mehrgewicht gegenüber heutigen Verglasungen aus Float. Der Verweis der Norm auf den § 37 der Musterbauordnung eröffnet den Weg vor Gericht einzuklagen, was die Landtage nicht in die Landesbauordnungen einführen wollten. Gerichte werden über den Begriff »allgemein zugänglich« entscheiden müssen.

Um die allgemeine Unsicherheit zu vervollkommnen, stellt der Bundesverband Flachglas eine Liste beispielhafter Schutzmaßnahmen zur Verfügung, welche die Grenze zwischen bisheriger Normalverglasung und bisheriger Sicherheitsverglasung verwischt. Das Merkblatt möchte damit eine Hilfestellung bei der Verwendung von Glas mit Sicherheitsfunktion geben. Mögliche Maßnahmen sind demnach:

- besonders kenntlich machen (z. B. Kennzeichnung durch Aufkleber, Bedrucken, Satinieren),
- bewegliche Einrichtungen vor dem Fenster, die einen Zugang verhindern,
- Nutzerkreis einweisen, bzw. einschränken,

- Fensterbank oder Holm vor dem Glas,
- dauerhaft bepflanzte Schutzzone,
- Heizkörper vor der Verglasung,
- Geländer,
- Sprossen-Vorsatzrahmen,
- Verbauung, z. B. Stufe(n) oder Podest vor dem Glas, abhängig von Höhe (≥ 200 mm) und Tiefe (≥ 200 mm) der Verbauung und
- Glas mit sicherem Bruchverhalten (ESG, VSG, Folien).

Ist eine Verglasung aufgrund Farbtönung, Rahmenanordnung/-abstände, Griffe u. Ä. erkennbar, braucht diese nicht zusätzlich gekennzeichnet zu werden.

Für die gefährlichste aller Glastüren, die Zimmertür mit nur 3 mm dickem Glasfeld, gilt keine Anforderung.

3.4 Punktförmig gelagerte Verglasungen (zu DIN 18008-3)

Die punktförmige Lagerung ist dem Werkstoff Glas nicht wirklich auf den Leib geschrieben. Glas mag keine punktförmigen Belastungsspitzen. Dennoch ist aus den in Kapitel 2.10 beschriebenen Gründen die punktförmige Lagerung planerisch attraktiv.

Die Regelungen der DIN 18008-3 für die Bemessung von punktförmig gelagerten Verglasungen decken nur Tragfähigkeit und Durchbiegung ab. Brand-, Schall- und Wärmeschutz bleiben, wie bei den anderen Technischen Regeln zur Verglasung, außen vor. Punktförmig gelagerte Scheiben tragen nur sich selbst und die auf sie einwirkenden Querlasten, zum Beispiel aus Wind und Schnee. Die Anforderungen an absturzsichernde, begehbare Verglasungen oder zu Reinigungszwecken bedingt betretbare Verglasungen sind zusätzlich zu beachten.

Die besondere Geometrie der Punkthalter ermöglicht, die bauteiltypischen Durchbiegungen und Verformungen durch thermische Längenänderung an den Befestigungspunkten zwängungsfrei zu übertragen.

Die Scheibenbefestigung ist anders geregelt als bei hinterlüfteten Außenwandbekleidungen aus Glas und anders als bei geklebter Verglasung.

Das Regelwerk umfasst nur durchgeschraubte Punkthalter aus nichtrostendem Stahl und Randklemmhalter, die den Glasrand u-förmig umfassen. Tellerhalter sind demnach solche, die über einen Bolzen durch eine zylindrische Glasbohrung miteinander verbunden sind. Die Tellerhalter müssen mindestens 50 mm Durchmesser haben. Durch geeignete Hülsen ist sicherzustellen, dass der Glaseinstand auf Dauer mindestens 12 mm bleibt.

Hinterschneidanker mit konischen Bohrungen bleiben der Zulassung vorbehalten. Die Glaselemente dürfen nicht planmäßig zur Aussteifung der Unterkonstruktion herangezogen werden.

Abb. 82: Punktförmig gelagerte Isolierverglasung in China. Architekt: Gérard Andreu ADP

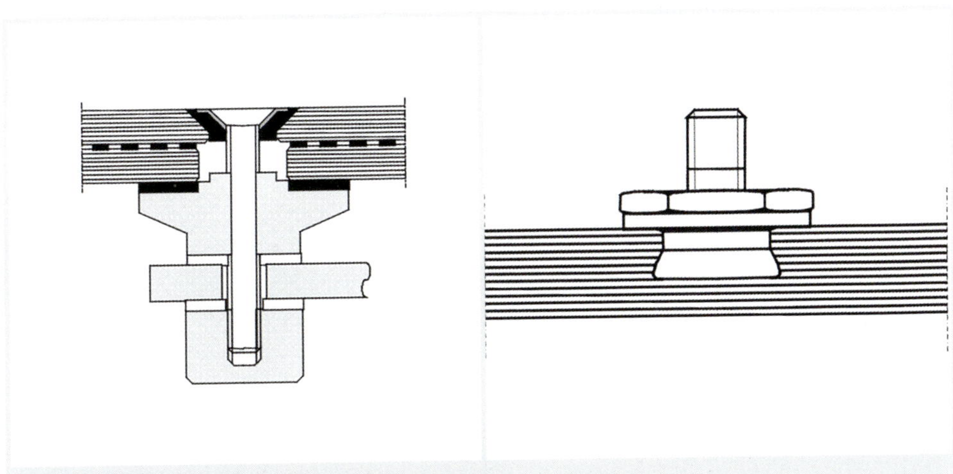

Abb. 83: Nicht genormte punktförmige Lagerungen:
links: Tellerhalter mit versenkter Verschraubung [Quelle: Jens Schneider in Baunetz Wissen Glas]
rechts: Hinterschneidanker [Quelle: Fischertechnik]

Abb. 84: Freie Glaskante mit Siebdruck als Unfallschutz

Die Kanten der Bohrungen im Glas sind mindestens als »Geschliffene Kante« auszuführen. Die Ränder von Bohrungen sind unter einem Winkel von 45° mit einer Fase von 0,5 mm bis 1,0 mm (kurze Schenkellänge) auf beiden Seiten der Scheibe zu säumen. Ein Kantenversatz infolge zweiseitiger Bearbeitung darf nicht größer als 0,5 mm sein.

Die Kanten der Einzelscheiben müssen mindestens gesäumt sein. Die Kanten von Floatglas (FG) müssen geschliffen sein.

Die Punkthalter müssen aus Stahl, Aluminium oder nichtrostendem Stahl bestehen und müssen bauaufsichtlich verwendbar sein.

Die Punktlagerung wirkt senkrecht zur Scheibenebene, nicht schräg und nicht auf Biegung. Das gilt so allgemein für diverse Schrauben und Nägel auch ohne Glas. Die Punkthalterung kann keine Scheibe allein mit zwei Punkten in einer geraden Linie tragen. Mindestens drei Punkte bestimmen eine Fläche. Die Punkte müssen breit genug verteilt sein, was ausgedrückt wird, indem das gebildete Dreieck keinen Winkel über 120° haben darf.

Die Bohrungen müssen mindestens 80 mm untereinander entfernt sein und dürfen höchstens 300 mm vom Glasrand entfernt sein. Die Verglasungskonstruktion muss die Glasscheiben zwängungsfrei halten, ohne Kontakt mit anderen Glasscheiben oder anderen harten Bauteilen, bei allen Lastfällen und bei allen vorkommenden Temperaturen. Bei Klemmhaltern muss die glasüberdeckende Klemmfläche mindestens 1 000 mm^2 groß sein und der Glaseinstand mindestens 25 mm betragen.

Gemischte punktförmige und linienförmige Glaslagerung ist zulässig, zum Beispiel, wenn Kanten linienförmig aufliegen und punktförmig gegen Sog gehalten werden, oder, wenn die Randscheibe einer linienförmig gelagerten Scheibe gebohrt und punktförmig gehalten auskragt. Die linienförmige Lagerung darf in abhebender Richtung auch durch eine punktförmige Randklemmung gehalten werden. Für die Mischkonstruktion bestehen dieselben Einschränkungen für Dreipunkthalterungen wie für punktgehaltene Verglasungen. Die Mischkonstruktion muss die Anforderungen an punktförmig gelagerte Verglasungen erfüllen. Die linienförmige Lagerung muss die Anforderungen an linienförmige Lagerung erfüllen. Abweichungen bedürfen der Zulassung.

Der Verzicht auf eine linienförmige Lagerung erlaubt rahmenlose Gläser. Die ungeschützte Glaskante vermag vor allem dann nicht zu überzeugen, wenn sie zur Unfallverhütung schwarz-gelb abgeklebt oder mit Mustern bedruckt werden muss. Der barrierefreie öffentliche Raum nimmt seit der neuen DIN 18040 besondere Rücksichten auf Sehbehinderte, für die eine nicht markierte Glaskante zur Falle wird.

Anforderungen für Horizontalverglasungen

Die Abgrenzung zwischen Horizontal- und Vertikalverglasung liegt wie bei der linienförmig gelagerten Verglasung bei einer Neigung von 10° zur Senkrechten. (Abweichend zu europäisch EN 12488, siehe oben).

Punktgelagerte Horizontal-Verglasung ist Einfachverglasung. Als Glaserzeugnisse werden VSG aus TVG aus zwei gleich dicken Scheiben (mindestens je 6 mm) verwendet. Eine mindestens 1,52 mm dicke Zwischenfolie aus PVB erfüllt die Anforderung an die Resttragfähigkeit.

Abb. 85: Horizontalverglasung (Architekt Helmut Jahn)

Für Randklemmhalter gelten dieselben Dimensionen wie bei der kombinierten linienförmig gelagerten Verglasung.

Es bestehen geometrische Einschränkungen für Bohrungen und Ausschnitte. Für rechteckige Stützweiten zwischen 75 und 140 cm werden in Tab. 7 vereinfachte Bestimmungen der Glasdicke angeboten.

Tab. 7: DIN 18008-3 Tabelle 2 – Glasaufbauten mit nachgewiesener Resttragfähigkeit bei rechtwinkligem Stützraster

Tellerdurchmesser	TVG Glasdicke	Stützweite in Richtung 1	Stützweite in Richtung 2
mm	mm min.	mm max.	mm max.
70	2 × 6	900	750
60	2 × 8	950	750
70	2 × 8	1100	750
60	2 × 10	1000	900
70	2 × 10	1400	1000

Anforderungen für Vertikalverglasungen

Für Vertikalverglasungen dürfen die Glaserzeugnisse VSG aus ESG, VSG aus ESG-H oder VSG aus TVG (jeweils gebohrt oder geklemmt) verwendet werden und anders als für Horizontalverglasungen auch Mehrscheiben-Isolierglas aus diesen Erzeugnissen. Die Glasdicken von zu Verbund-Sicherheitsglas (VSG) verbundenen Glasscheiben dürfen höchstens um den Faktor 1,7 voneinander abweichen. Die Zwischenfolie aus Polyvinylbutyral (PVB) muss mindestens 0,76 mm dick sein.

Für Vertikalverglasungen, die durch Klemmhalter gelagert sind, dürfen außerdem die Glaserzeugnisse ESG-H mit minimaler Scheibennenndicke von 6 mm, VSG aus Floatglas, Mehrscheiben-Isolierglas aus ESG-H, TVG, Float oder VSG aus vorgenannten Glaserzeugnissen verwendet werden.

Grenzfälle

Die auf den Glanzseiten der Architekturzeitschriften abgebildeten Projekte werden weitgehend außerhalb der genormten Ausführungen verwirklicht. Andere Punkthalter mit Kugel- oder Elastomergelenken, Hinterschneidanker, konische Bohrungen für flächenbündige Senkkopfschrauben, Durchbohrungen von Isoliergläsern mit eingefügten Druckhülsen und viele mehr werden nach allgemeiner Zulassung oder Zulassung im Einzelfall verwendet. Die Technischen Regeln haben die Einführung von Serienprodukten wie Vordächer, Wartehäuschen und andere ermöglicht, die der punktbefestigten Verglasung erst die massenhafte Verbreitung ermöglicht haben. Die DIN 18008 wird die Bauweise weiter befördern.

Abb. 86: Verglasung absturzsichernd, gebogen und geklebt

3.5 Absturzsichernde Verglasungen (zu DIN 18008-4)

Eine absturzsichernde Verglasung im Sinne der Landesbauordnungen ist eine Umwehrung. Für eine »Absturzhöhe« von einem Meter und mehr verlangen die Landesbauordnungen eine Umwehrung, die den Personenlasten der Bemessungsnorm standhält. Die gefährliche Absturzhöhe beginnt in Bayern bereits bei einem halben Meter. Die Landesbauordnungen regeln die Höhe der Umwehrung überwiegend mit 90 cm, bei einer Absturzhöhe über 12 Meter und in Versammlungsstätten 1,10 m hoch. Der Zuschlag über 12 Meter Höhe gilt nicht in Baden-Württemberg.

Unfallverhütungsvorschriften setzen eigene Höhen fest, teilweise im Widerspruch zu den Landesbauordnungen. Arbeitsstätten gelten als gefährlicher denn Wohnungen, weshalb hier Umwehrungen 100 cm hoch sein müssen und in Wohnungen nur 90 cm. Wobei Unfallverhütungsvorschriften für Arbeitsstätten wiederum andere Umwehrungen fordern als Unfallverhütungsvorschriften für Schulen und Kindergärten. Nur in Schulen sind alle Verglasungen bis 2 m über der Standfläche auch ohne Absturzgefahr aus bruchsicherem Material. Besondere Unfallverhütungsvorschriften für Wohngebäude gibt es (noch) nicht.

Für Fensterbrüstungen sind andere Höhen geregelt als für Umwehrungen. Würde man die Regelungen hier alle zitieren, wäre eines sicher: Die eine oder andere Angabe wäre vor Drucklegung bereits wieder überholt.

Die mit Umwehrungen technisch verwandten Treppengeländer sind nicht im Landesrecht, sondern in der Technischen Baubestimmung DIN 18065 – Gebäudetreppen, geregelt. Abweichungen inbegriffen. Treppen haben Handläufe. Die Handlaufhöhe ist nicht unbedingt die Umwehrungshöhe. Wenn Handläufe »barrierefrei« 85 cm hoch und Umwehrungen nach Landesrecht mindestens 90 cm, nach Arbeitsrecht 1 m oder nach Versammlungsrecht 1,10 m hoch sind, ist der Handlauf nicht der obere Rand des Geländers. In Schulen, in Arbeitsstätten und an Treppen für Sehbehinderte gelten weitere Anforderungen an die Geländer. Die Arbeitsschutzregelungen nach Bundesrecht werden von den Berufsgenossenschaften durch weitere Unfallverhütungsvorschriften vertieft.

Umwehrungen sollen nicht zum Übersteigen, zum Aufsitzen und zum Rutschen verleiten, aber ausgerechnet in Wohnungen, wo sich kleine Kinder öfter als in Büros aufhalten, ziehen sich die Landesbauordnungen einzelner Bundesländer aus der Regelung ganz zurück. Der Bundesverband der vereidigten Sachverständigen sieht hier einen Regelungsbedarf und schlägt eigene Regeln vor. Wer sich auf die schwachen Landesbauordnungen nebst ihren Ausführungsverordnungen verlässt, kann im Falle eines Falles vor Gericht das Nachsehen haben.

Eine Absturzsicherung schützt nicht nur die oben Stehenden vor dem Herabfallen, sondern auch die unten Gehenden vor herabstürzenden Gegenständen. Sicherheit, vor allem vor herabstürzenden Glasteilen, verlangen die Passanten auf Verkehrsflächen unterhalb der Verglasung. In öffentlichen Gebäuden und Arbeitsstätten dürfen keine gefährlichen Glassplitter auf Verkehrsflächen fallen. Ungeachtet aller im Folgenden erläuterten Differenzierungen kommt am Ende vor allem VSG infrage.

Die ETB-Richtlinie »Bauteile, die gegen Absturz sichern« ist nicht bei Bauteilen aus Glas anzuwenden (MVVTB 2019).

Abb. 87: Absturzsichernde Verglasung (Architekten gmp)

All dies ist den Normen für absturzsichernde Verglasungen durch Landesrecht und Unfallschutz vorangestellt.

Umwehrungen aus Glas

Absturzsichernde Verglasungen reichen vom Brüstungsfeld eines Fensters über die freitragende Glasbrüstung bis zur raumhohen Verglasung. Mit der Ablösung der Technischen Regeln für absturzsichernde Verglasungen (TRAV) des Deutschen Instituts für Bautechnik (DIBt) durch DIN 18008-4 als Technische Baubestimmung sind neben linienförmig gelagerten Verglasungen auch punktförmig gelagerte Verglasungen genormt, durch die Änderung 2020 in Teil 1 der Norm auch gebogene. Für absturzsichernde Verglasungen sind drei Eigenschaften nachzuweisen:

- Tragfähigkeit (Windlast, Holmlast, Eigenlast, Nutzlast)
- Tauglichkeit (Resttragfähigkeit nach Glasbruch)
- Stoßnachweis (Durchtrittsicherheit)

Wie bisher ist für »bewährte Konstruktionen« in Standarddimensionen die Durchtrittsicherheit in einer Tabelle nachgewiesen. Für andere Glasdimensionen kann der Nachweis rechnerisch oder durch zerstörende Versuche mit dem Pendelschlagversuch geführt werden. Während früher nur der zerstörende Pendelschlagversuch als Nachweis anerkannt war, heißt es nun umgekehrt in Teil 1 Abschnitt 4.2 der Norm: *»Anstelle von rechnerischen Nachweisen gemäß den Vorgaben dieser Normenreihe dürfen auch versuchstechnische Nachweise geführt werden, sofern die Durchführung und die Auswertung der Versuche in dieser Norm geregelt sind.«*

Der Pendelschlagversuch ist jeweils für die vorgesehene Scheibengröße und Glasart einschließlich der vorgesehenen Unterkonstruktion und der vorgesehenen Beschläge nachzuweisen. Der Pendelversuch ist von einer zugelassenen Prüfstelle auszuführen und detailliert zu dokumentieren. Im Regelfall sind mindestens zwei Prüfkörper je Ausführungsvariante zu prüfen. Die Pendelschlagprüfung gilt als bestanden, wenn die Verglasung weder vom Stoßkörper durchschlagen oder aus den Verankerungen gerissen wird, noch Bruchstücke herabfallen, die Verkehrsflächen gefährden könnten. In Fällen, in denen die Außenscheibe aus Floatglas oder ESG sein darf, darf sie beim Bruch im Pendelversuch der inneren VSG-Scheibe nicht beschädigt werden. Mit dieser Prüfanordnung sind Eigenkonstruktionen wirtschaftliche Grenzen gesetzt, sie werden aber gleichzeitig ermöglicht.

Wie bisher sind neben der Durchtrittsicherheit die Tragfähigkeit und die Tauglichkeit abhängig von der Gebäudenutzung nachzuweisen. Bei absturzsichernden Verglasungen ist der Anstoß von Personen oder Personengedränge zusätzlich zu den sonstigen Lasten für linienförmig oder punktförmig gelagerte Verglasungen zu berücksichtigen. Verglasungen in Sonderfällen am Fuß von Rampen, in Fußballstadien oder neben dem Transport schwerer Lasten sind für höhere Lasten zu dimensionieren (Lastannahmen nach DIN EN 1991).

Die Norm regelt vertikale und zur Angriffsseite bis 10° geneigte Umwehrungen aus Glas. Von den »bewährten Konstruktionen« abweichende Glasaufbauten, wie flacher als 10° zur Vertikalen geneigte umwehrende Verglasungen und Verglasungen mit Ausschnitten, sind nicht genormt und benötigen eine Zulassung, was wiederum Pendelschlagversuch und Berechnungen voraussetzt.

Die Industrie bietet zahlreiche zugelassene Konstruktionen an, die von den genormten Regelungen abweichen.

Alle Befestigungsteile nach dieser Norm sind aus Stahl und Auflager aus Polymeren. Holzrahmen sind nur noch nach Zulassung im Einzelfall erlaubt. Für das Verfahren wurde in der Vergangenheit auf ein früheres Prüfzeugnis der Amtlichen Materialprüfungsanstalt der Universität Karlsruhe hingewiesen.

Glasarten

Eine absturzsichernde Verglasung wird aus Sicherheitsglas gefertigt. Als Sicherheitsglas darf nur ESG-H nach EN 14179 oder VSG nach EN 12600 verwendet werden. Zur neuen Definition von »heißgelagert« siehe Abschnitt 3.2. In Mehrscheiben-Isolierglas (MIG) kann gefahrabgewandt auch anderes Glas verwendet werden.

Drahtglas ist nicht mehr als Absturzsicherung vorgesehen. Bei Reparaturverglasungen sind zulässige Glasarten zu verwenden. Das heißt, dass Drahtglas nicht mehr durch Drahtglas ersetzt werden darf.

Die für die Herstellung von VSG verwendeten Scheiben dürfen in der Dicke um nicht mehr als den Faktor 1,7 (wie bei den punktförmig gelagerten Verglasungen) abweichen.

Die Norm fasst aus dem großen Feld der Umwehrungen eine Reihe von wiederkehrenden Ausführungen zusammen. Tabellen für Glasdicke und Glasaufbau in Abhängigkeit von Scheibengröße, Scheibenformat und Glasaufbau, die ohne weiteren Nachweis der Durchtrittsicherheit eingebaut werden dürfen, sind für diese bewährten Konstruktionen im Regelwerk abgebildet. Solche Tabellen für Konstruktionen, deren Stoßsicherheit durch Versuche bereits erbracht ist, bestehen sowohl für ebene linienförmig gelagerte wie für ebene punktförmig gelagerte Verglasungen.

Für die Anwendung der Glasdimensionierung nach Tabelle ohne weiteren Nachweis als bewährte Konstruktionen gelten eine Reihe von Randbedingungen. Dazu gehört, dass der Scheibenzwischenraum von Isolierglas zwischen 12 und 20 mm beträgt.

Seit 2020 dürfen Scheiben beschichtet sein. Nach MVVTB muss die Beschichtung auf der von der PVB-Folie abgewandten Seite erfolgen. Wenn Email oder Beschichtung die Festigkeit des Glases verringern, sind gesonderte Nachweise zu erbringen. Beispielsweise kann heiß aufgeschmolzenes Email die Vorspannung von ESG verringern. Beschichtet sind zum Beispiel bestimmte Randverbindungen als UV-Schutz. Ohne Beschichtung müssen alle verwendeten Baustoffe beständig gegen UV-Strahlung sein.

Die Glaskante muss bei »bewährten Konstruktionen« der Kategorien A und C (siehe unten) immer sicher vor Stößen geschützt sein, entweder durch direkt angrenzende Bauteile (zum Beispiel Pfosten, Riegel, benachbarte Scheiben, Wände oder Decken). Als direkt angrenzend gelten Bauteile im Abstand von maximal 30 mm. Bei größeren Abständen ist die Glaskante durch Profile gegen Stoß zu schützen. Auf einen Kantenschutz darf verzichtet werden, wenn VSG-Gläser durch Tellerhalter auch bei Glasbruch sicher in ihrer Lage gehalten werden. Zur Beschädigung von ungeschützten Kanten von VSG siehe Abb. 17, 84 und 93. Genormt ist ein Kantenschutzprofil aus Metall. Über Zulassungen gibt es Kantenschutz aus Kunststoff und sogar aus Glas. Die Regeln zum Kantenschutz werden in der Praxis im wahrsten Sinne des Wortes »an allen Ecken und Enden« verletzt.

In Stoßrichtung belastete Glashalteleisten sind bei »bewährten Konstruktionen« in einem Abstand von höchstens 30 cm mit durchgehend metallischer Verschraubung auszuführen.

Der Glaseinstand beträgt bei »bewährten Konstruktionen« in vierseitiger Lagerung mindestens 12 mm, bei zweiseitiger Lagerung mindestens 18 mm.

Absturzsichernde Verglasungen werden in drei Kategorien unterteilt: A, B, C. In allen drei Kategorien – eine Ausnahme für ESG muss sein – darf Einzelverglasung nur aus VSG sein.

Abb. 88: Absturzsichernde Verglasung Kategorie A

Kategorie A

Kategorie A beschreibt eine Vertikalverglasung vom Boden aufwärts, die ohne tragenden Brüstungsriegel oder vorgesetzten Holm zur Aufnahme von Horizontallasten gegen Absturz sichert. Die Glaseinheit kann außer vierseitig auch zweiseitig, zum Beispiel oben und unten oder auch punktförmig, gelagert sein.

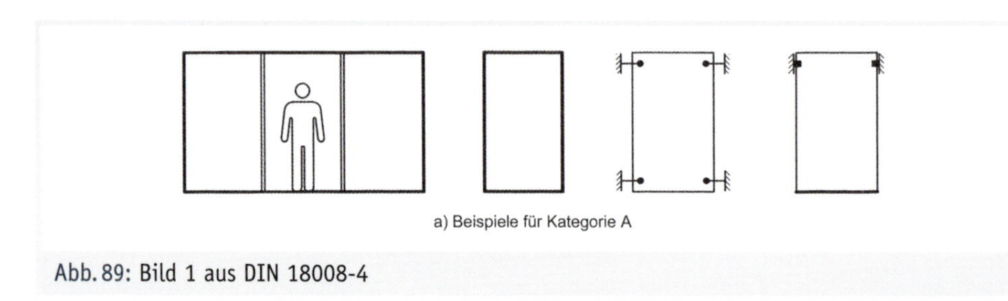

Abb. 89: Bild 1 aus DIN 18008-4

Abb. 90: Absturzsichernde Verglasung, vierseitig gelagert, nicht rechteckiger Zuschnitt. Bibliothek ETH Lausanne (Architekten Sanaa). Abweichungen von der Rechteckform sind nur in begrenzter Weise genormt.

Einscheibige Verglasungen müssen immer aus VSG bestehen.

Bei Mehrscheiben-Isolierglas muss eine Scheibe aus VSG sein. Diese darf je nach Einbausituation innen oder außen angeordnet sein.

Ist die VSG-Scheibe innen (Angriffsseite sagt die Norm), so dürfen für die äußere Scheibe Floatglas, ESG oder VSG verwendet werden. Bei Beschädigung der Innenscheibe mit dem Pendelschlagversuch darf die äußere Scheibe nicht beschädigt werden. Über Verkehrsflächen muss die Außenscheibe aus VSG oder ESG und nicht aus Floatglas sein.

Ist die VSG-Scheibe außen (Absturzseite nach der Norm), muss sie allen einwirkenden Kräften ohne Mitwirkung der inneren Scheibe auch allein standhalten. Für die stoßzugewandte Seite (auch ein Wort der Norm für die Angriffsseite) von Mehrscheiben-Isolierglas darf nur VSG (aus Float oder TVG), ESG oder VG aus ESG verwendet werden.

Ist die VSG-Scheibe in Mehrscheiben-Isolierverglasungen außen und ESG auf der Angriffsseite, dürfen unmittelbar hinter dieser Scheibe als dritte Scheibe in Dreifachverglasungen auch grob brechende Glasarten (z. B. Floatglas, sogar Ornamentglas) eingebaut werden, wenn beim Pendelschlagversuch kein Glasbruch der angriffsseitigen ESG-Scheibe auftritt. Die Mittelscheibe aus Polycarbonat kommt im Regelwerk nicht vor.

Bei Dimensionierung linienförmig gelagerter ebener Scheiben nach Tab. 8 ist eine Scheibe aus VSG, die andere Scheibe darf aus VSG oder ESG sein. Teilvorgespanntes Glas TVG kann Float im VSG ersetzen. Eine oder mehrere zusätzliche Scheiben im Scheibenzwischenraum aus ESG oder ESG-H sind zulässig, wenn VSG an der Absturzseite angeordnet ist.

Tab. 8: DIN 18008-4 Tabelle B.1 – Linienförmig gelagerte Verglasungen mit nachgewiesener Stoßsicherheit

Kat	Typ	Linien-lager	Breite min.	Breite max.	Höhe min.	Höhe max.	Glasaufbau von Angriff- nach Absturzseite	Zei-le
A	MIG	Allseitig	500	1 300	1 000	2 500	8 ESG/ SZR/ 4 FG/ 0,76 PVB/ 4 FG	1
			1 000	2 000	500	1 300	8 ESG/ SZR/ 4 FG/ 0,76 PVB/ 4 FG	2
			900	2 000	1 000	3 000	8 ESG/ SZR/ 5 FG/ 0,76 PVB/ 5 FG	3
			1 000	2 500	900	2 000	8 ESG/ SZR/ 5 FG/ 0,76 PVB/ 5 FG	4
			1 100	1 500	2 100	2 500	5 FG/ 0,76 PVB/ 5 FG/ SZR/ 8 ESG	5
			2 100	2 500	1 100	1 500	5 FG/ 0,76 PVB/ 5 FG/ SZR/ 8 ESG	6
			900	2 500	1 000	4 000	8 ESG/ SZR/ 6 FG/ 0,76 PVB/ 6 FG	7
			1 000	4 000	900	2 500	8 ESG/ SZR/ 6 FG/ 0,76 PVB/ 6 FG	8
			300	500	1 000	4 000	4 ESG/ SZR/ 4 FG/ 0,76 PVB/ 4 FG	9
			300	500	1 000	4 000	4 FG/ 0,76 PVB/ 4 FG/ SZR/ 4 ESG	10
	Einfach	Allseitig	500	1 200	1 000	2 000	6 FG/ 0,76 PVB/ 6 FG	11
			500	2 000	1 000	1 200	6 FG/ 0,76 PVB/ 6 FG	12
			500	1 500	1 000	2 500	8 FG/ 0,76 PVB/ 8 FG	13
			500	2 500	1 000	1 500	8 FG/ 0,76 PVB/ 8 FG	14
			1 000	2 100	1 000	3 000	10 FG/ 0,76 PVB/ 10 FG	15
			1 000	3 000	1 000	2 100	10 FG/ 0,76 PVB/ 10 FG	16
			300	500	500	3 000	6 FG/ 0,76 PVB/ 6 FG	17

Es bedeuten:
- MIG Mehrscheiben-Isolierverglasung
- SZR Scheibenzwischenraum
- FG Floatglas
- ESG Einscheibensicherheitsglas
- PVB Polyvinylbutyral-Folie
- bel. beliebig

Bei einer Glasdimensionierung in Kategorie A nach der Tabelle B.1 ohne weitere Nachweise der Durchtrittsicherheit müssen alle Scheiben allseitig gelagert sein. Die Verglasungen dürfen nicht durch Bohrungen oder Ausnehmungen geschwächt sein. Abweichungen von der Rechteckform sind in Kategorie A nicht genormt.

Die Norm DIN 18008-4 enthält in der Kategorie A auch eine Tabelle für durch Tellerhalter punktgehaltene ebene Einfach-Verglasungen aus VSG mit einer mindestens 1,52 mm dicken PVB-Folie.

Die Stoßsicherheit von Scheiben, deren kleinste lichte Öffnung zwischen den tragfähigen Begrenzungen in Kategorie A höchstens 300 mm beträgt, muss nicht nachgewiesen werden. Der Verzicht auf den Nachweis der Stoßsicherheit bedeutet keineswegs die Freistellung von den übrigen beschriebenen Anforderungen, insbesondere Einbau von VSG, und vom statischen Nachweis.

Kategorie B

Unten eingespannte Glasbrüstungen, deren einzelne Scheiben durch einen durchgehenden Handlauf in erforderlicher Höhe verbunden sind. Die Glasbrüstung enthält keine Pfosten aus Holz oder Metall. Der durchgehende Handlauf verteilt bei Ausfall eines Brüstungselements Horizontallasten auf die benachbarten Glaselemente. Der Handlauf kann auf der oberen Scheibenkante oder durch Tellerhalter nach Teil 3 dieser Norm befestigt sein.

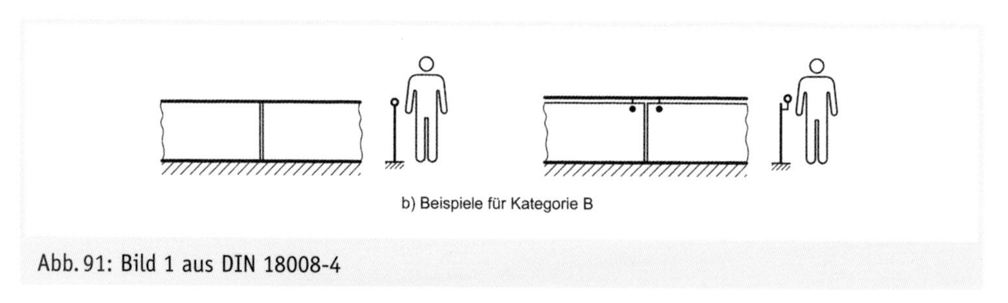

Abb. 91: Bild 1 aus DIN 18008-4

Allein an ihrem unteren Rand linienförmig eingespannte Glasbrüstungen bilden keinen Raumabschluss. Isolierglas kommt hier also nicht vor. Die Glasart ist immer VSG aus mindestens zweimal ESG oder TVG mit einer mindestens 1,52 mm dicken PVB-Folie.

Der Ausfall einzelner Glaselemente ist statisch nachzuweisen. Die Ausführung ohne tragenden Handlauf ist eine Sonderkonstruktion außerhalb der Technischen Regeln und bedarf wie nicht vertikale Scheiben einer Zulassung im Einzelfall.

Die Verglasungen dürfen außer den Bohrungen zur Befestigung nicht durch Bohrungen oder Ausnehmungen geschwächt sein.

Die VSG-Scheiben müssen mindestens 500 mm und dürfen höchstens 2 000 mm breit sein. Die freie Kragarmlänge darf höchstens 1 100 mm betragen.

Abb. 92: Ungeschützte Glaskante an einer Geländerecke außerhalb der Norm

Abb. 93: Ungeschützte Glaskante an einer Geländerecke

Abb. 94: VSG aus ESG mit ungeschützter Kante nach dem Stoß

Die Norm beschreibt die bewährte nachweisfreie Verglasung der Kategorie B mit VSG-Scheiben als Umwehrung und Treppengeländer unter genau definierten geometrischen Bedingungen, die in der Regel rechteckige Formate beschreiben, zusätzlich auch bestimmte dem Treppenverlauf folgende Trapeze. Aus Trapezen und Rechtecken zusammengesetzte Formate sind im Gegensatz zu früheren Regelungen nicht mehr in der Norm enthalten.

Die Stoßsicherheit von Scheiben, deren kleinstes Maß in Kategorie B höchstens 500 mm Höhe beträgt, muss nicht nachgewiesen werden. Der Verzicht auf den Nachweis der Stoßsicherheit bedeutet keineswegs die Freistellung von den technischen Anforderungen, insbesondere Einbau von VSG und vom statischen Nachweis.

Für die Dimensionierung nach Tab. 10 ist die Art der Klemmbefestigung der Gläser im Detail vorgeschrieben. Die Industrie bietet aber diverse davon abweichende Befestigungen mit allgemeiner bauaufsichtlicher Zulassung an. Dann ersetzt die Einbauanleitung des Herstellers die Detailvorschriften des öffentlichen Regelwerks.

Kategorie C

Absturzsichernde Verglasungen nach Kategorie C müssen keine horizontalen Nutzlasten in erforderlicher Höhe abtragen.

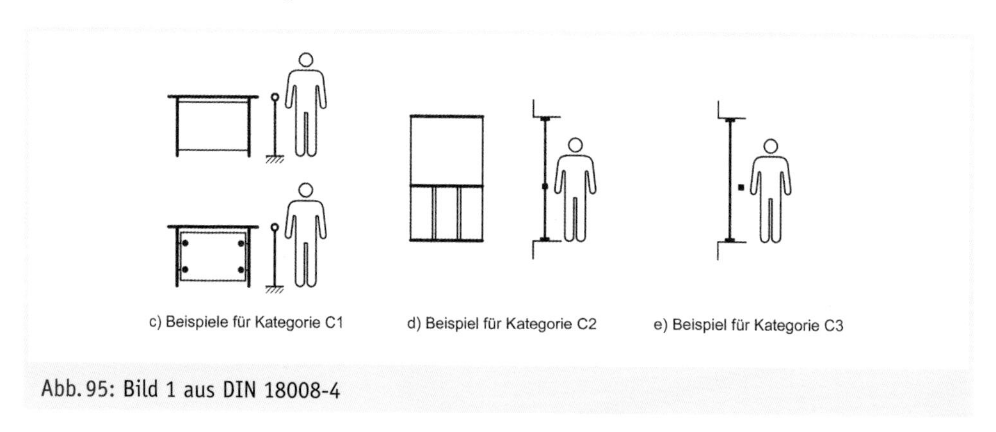

Abb. 95: Bild 1 aus DIN 18008-4

Die Norm unterscheidet drei Gruppen:

- C1: Geländerausfachungen (in der Norm steht wirklich Geländer und nicht Umwehrung). Die Norm gilt anders als die Vorgängerregelung auch für Balkone im Freien.
- C2: Verglasungen unterhalb eines in erforderlicher Höhe angeordneten lastabtragenden Querriegels.
- C3: Verglasungen mit in erforderlicher Höhe vorgesetztem lastabtragendem Holm.

Es sind die folgenden Glasarten zu verwenden:

- C1: Alle Einfachverglasungen sind in VSG auszuführen. Abweichend hiervon dürfen allseitig linienförmig gelagerte Einfachverglasungen auch in ESG ausgeführt werden. Eine Glasbrüstung bildet keinen Raumabschluss, weshalb Isolierglas hier nicht vorkommt.

Abb. 96: Glasgeländer punktbefestigt ohne Randholm

Abb. 96 zeigt ein Treppengeländer mit punktförmiger Glaslagerung an Pfosten. Der Handlauf ist an den Pfosten befestigt. Die ungeschützte Glaskante überragt den Handlauf und damit auch die Kategorie C1 der Norm. Auf einen Kantenschutz darf verzichtet werden, wenn (wie auf Abb. 96 dargestellt) die VSG-Gläser durch Tellerhalter nach Teil 3 dieser Norm auch bei Glasbruch sicher in ihrer Lage gehalten werden.

- C2: Alle Einfachverglasungen sind in VSG auszuführen. Nur allseitig linienförmig gelagerte Einfachverglasungen dürfen auch in ESG ausgeführt werden.

Für Mehrscheiben-Isolierverglasungen der Kategorien C1 und C2 darf für die stoßzugewandte Seite nur VSG, ESG oder VG aus ESG verwendet werden. Für die anderen Scheiben – oberhalb des Holms – können alle nach Teil 2 und 3 dieser Norm zulässigen Glaserzeugnisse verwendet werden, also Floatglas und sogar Ornamentglas. Die zulässige Verwendung von ESG unterscheidet C2 von Kategorie A.

Es gibt eine Tabelle der bewährten nachweisfreien Verglasungen für linienförmig gelagerte Scheiben und eine Tabelle für punktförmig gelagerte Scheiben.

Tab. 9: DIN 18008-4 Tabelle B.1 – Linienförmig gelagerte Verglasungen mit nachgewiesener Stoßsicherheit

Kat	Typ	Linien-lager	Breite min.	Breite max.	Höhe min.	Höhe max.	Glasaufbau von Angriff- nach Absturzseite	Zeile
C1 und C2	MIG	Allseitig	500	1 300	1 000	2 500	6 ESG/ SZR/ 4 FG/ 0,76 PVB/ 4 FG	18
			1 000	2 000	500	1 300	4 FG/ 0,76 PVB/ 4 FG/ SZR/ 6 ESG	19
		Zweiseitig oben und unten	900	2 000	1 000	3 000	6 ESG/ SZR/ 5 FG/ 0,76 PVB/ 5 FG	20
	Ein-fach	Allseitig	1 000	2 500	900	2 000	5 FG/ 0,76 PVB/ 5 FG	21
		Zweiseitig oben und unten	1 100	1 500	2 100	2 500	6 FG/ 0,76 PVB/ 6 FG	22
			2 100	2 500	1 100	1 500	5 ESG/ 0,76 PVB/ 5 ESG	23
			900	2 500	1 000	4 000	8 FG/ 1,52 PVB/ 8 FG	24
		Zweiseitig oben und unten	1 000	4 000	900	2 500	6 FG/ 0,76 PVB/ 6 FG	25
			300	500	1 000	4 000	6 ESG/ 0,76 PVB/ 6 ESG	26
			300	500	1 000	4 000	8 FG/ 1,52 PVB/ 8 FG	27
C3	MIG	Allseitig	500	1 200	1 000	2 000	6 ESG/ SZR/ 4 FG/ 0,76 PVB/ 4 FG	28
			500	2 000	1 000	1 200	4 FG/ 0,76 PVB/ 4 FG/ SZR/ 12 ESG	29
	Ein-fach	Allseitig	500	1 500	1 000	2 500	5 FG/ 0,76 PVB/ 5 FG	30

Es bedeuten: MIG Mehrscheiben-Isolierverglasung; SZR Scheibenzwischenraum; FG Floatglas; ESG Einscheibensicherheitsglas; PVB Polyvinylbutyral-Folie; bel. beliebig

Tab. 10: DIN 18008-4 Tabelle B.2 – Punktförmig gelagerte Verglasungen mit nachgewiesener Stoßsicherheit

Kat	Glasaufbau VSG	Abstand benachbarter Punkthalter in x-Richtung mm max.	Abstand benachbarter Punkthalter in y-Richtung mm max.
A	2 × 10 mm TVG	1 200	1 600
	2 × 8 mm ESG	1 200	1 600
	2 × 10 mm ESG	1 600	1 800
	2 × 10 mm ESG	800	2 000
C	2 × 6 mm TVG	1 200	700
	2 × 8 mm TVG	1 600	800
	2 × 6 mm ESG	1 200	700
	2 × 8 mm ESG	1 600	800

Abb. 97: Absturzsichernde Glasecke ohne Pfosten, zweiseitig gelagert, Holm außen (Architekten ARP)

Für Verglasungen der Kategorie C3 gelten hinsichtlich der verwendbaren Glaserzeugnisse die Anforderungen und Randbedingungen der Kategorie A. Kategorie C3 ist in Brüstungshöhe nicht durch einen Kämpfer unterbrochen und gestützt, sondern durch einen vorgesetzten Holm auf der Seite der Beanspruchung geschützt. Weil die Glasarten für Kategorie C3 der Kategorie A ohne schützenden Holm entsprechen, kann der Holm auch außen angebracht werden. Der gegenteilige Hinweis im Regelwerk bleibt dann folgenlos.

Die absturzsichernde Glasecke (Abb. 97) ohne Eckpfosten ist heute an zahlreichen Gebäuden anzutreffen, aber keineswegs so leicht zu planen wie sie aussieht. Die feste Brüstung ist niedriger als 90 cm. Die absturzsichernde Eckverglasung aus Isolierglas ist nicht allseitig gelagert. Zweiseitig gelagert heißt in DIN 18008-4, Tabelle B.1 (siehe Tab. 9) ausdrücklich oben und unten oder links und rechts, aber nicht über Eck. Damit verlässt die Verglasung die Dimensionierung nach der Tabelle und ist nachzuweisen. Die Ecke darf nach Teil 2 der Norm geklebt werden, aber die Klebung ist außerhalb der Norm nachzuweisen. Damit verlässt die Verglasung die Dimensionierung nach der Tabelle für absturzsichernde Verglasung und ist nachzuweisen.

Der Geländerholm außen entlastet nicht die absturzsichernde Verglasung. Da aber in Kategorie C3 die Verglasung nach Kategorie A zu dimensionieren ist – als ob der Geländerholm nicht vorhanden wäre – bleibt das folgenlos. Aus formalen Gründen wird der vor den Öffnungsflügeln erforderliche Holm vor der Festverglasung weitergeführt.

Heizkörper vor Verglasungen gelten nicht als absturzsichernde Maßnahmen. Sie sind weder ausreichend fest noch ausreichend hoch. Um nicht zu thermischen Sprüngen im Glas zu führen, müssen Heizkörper von Floatglas 30 cm und von thermisch vorgespanntem Glas 10 cm entfernt montiert werden, verlangen die Isolierglashersteller. Heizkörper können dann keine Schutzwirkung entfalten, wenn man zwischen Heizkörper und Verglasung durchlaufen kann. Weiter ist zu fragen, ob es sinnvoll ist, eine Verglasung samt Rahmen und Anschlussfugen teuer herzustellen, um dann einen wenig dekorativen Blechkasten vor die Verglasung zu stellen (Abb. 98).

Abb. 98: Heizkörper vor Verglasung

Auch in Kategorie C ist die Stoßsicherheit von Scheiben, deren kleinste lichte Öffnung zwischen den tragfähigen Begrenzungen höchstens 500 mm beträgt, nicht nachzuweisen. Der Verzicht auf den Nachweis der Stoßsicherheit bedeutet auch in Kategorie C keine Freistellung von den technischen Anforderungen, insbesondere zur Glasart und zum statischen Nachweis.

3.6 Begehbare Verglasungen (zu DIN 18008-5)

Begehbare Verglasungen sind für jedermann begehbar, mit jeder Art von Schuhen, auch mit hohen Absätzen, mit Kieselsteinchen im Profil der Schuhsohle und auch mit hinterher gerumpeltem Rollenkoffer. Es gelten besondere Anforderungen.

Begehbare Verglasungen kommen immer öfter vor. Ob linienförmig oder punktförmig gelagert, erfolgte die Verwendung lange nach Typenzulassung oder Zulassung im Einzelfall, denen in der Regel zerstörende Bauteilversuche vorangingen. Aus inzwischen zahlreichen Einzelzulassungen ließen sich Anforderungen verallgemeinern, die 2000 zu »Empfehlungen für das Zustimmungsverfahren« für Anforderungen an begehbare Verglasungen des DIBt geführt haben. 2006 schließlich widmet sich Abschnitt 3.4 der Technischen Regeln für linienförmig gelagerte Verglasungen den begehbaren Verglasungen. Das Normblatt DIN 18008-5 erspart nun in vielen Fällen die Genehmigung im Einzelfall.

Zu verwenden ist stets mehrlagiges – mindestens dreilagiges – VSG. Der Nachweis der Tragfähigkeit erfolgt unter Anrechnung aller Scheiben. Der Nachweis der Tragfähigkeit für außergewöhnliche Bemessungssituationen erfolgt ohne Berücksichtigung der obersten direkt begangenen Scheibe. Für die Gebrauchstauglichkeit ist eine Durchbiegung von maximal 1/200 nachzuweisen. Damit wird die Dimensionierung zu einem zu prüfenden statischen Nachweis und ist nicht länger wie in früheren Regelwerken die Beantragung einer Zulassung im Einzelfall. Der Nachweis der Resttragfähigkeit ist weiterhin in der Regel durch genormte Bauteilversuche zu belegen.

Abb. 99: Café in Stuttgart auf gläsernem Boden

Ein Sonderfall der begehbaren Verglasungen sind Doppelböden mit einem lichten Abstand zur tragenden Decke unter 0,5 m, wie sie für Ausstellungszwecke verwendet werden. Darauf läuft man wie im Flug über Stadtmodelle oder Stadtpläne. Da man nicht tief fallen kann, lässt die DIN 18008-5 diese begehbare Verglasung ohne Bauteilversuch zum Nachweis der Stoßsicherheit und Resttragfähigkeit zu.

Auch für die begehbare Verglasung gibt es eine Zusammenstellung von Konstruktionen, für die der Nachweis der Stoßsicherheit und der Resttragfähigkeit bereits durch Versuche erbracht ist.

Tab. 11: DIN 18008-5 Tabelle B.1 – Allseitig linienförmig gelagerte, planmäßig begehbare Verglasungen mit nachgewiesener Stoßsicherheit und Resttragfähigkeit

Länge mm max.	Breite mm max.	VSG-Aufbau[a] mm	Auflagertiefe mm min.
1500	400	8 TVG/ 1,52 PVB/ 10 FG[b]/ 1,52 PVB/ 10 FG[b]	30
1500	750	8 TVG/ 1,52 PVB/ 12 FG[b]/ 1,52 PVB/ 12 FG[b]	30
1250	1250	8 TVG/ 1,52 PVB/ 10 TVG/ 1,52 PVB/ 10 TVG	35
1500	1500	8 TVG/ 1,52 PVB/ 12 TVG/ 1,52 PVB/ 12 TVG	35
2000	1400	8 TVG/ 1,52 PVB/ 15 FG[b]/ 1,52 PVB/ 15 FG[b]	35

a von oben nach unten b Floatglas

Für die Anwendung der Tab. 11 gelten Randbedingungen. Die Werte gelten für allseitig linienförmig gelagerte begehbare Verglasungen. Die rechnerisch anzusetzende Nutzlast beträgt maximal 5,0 kN/m², was für Wohnungen, Büros, Gastronomie und Einzelhandel ausreicht, aber nicht für Lager und Gewerbe. Die Glaskanten müssen sicher vor Stößen geschützt sein. Die Glasarten im VSG sind Float und TVG, für die oberste Scheibe auch TVG. Die Vorteile von ESG und TVG liegen in der deutlich höheren zulässigen Biegezugspannung, die doch bei der obersten Scheibe nur bedingt angerechnet werden darf. Die oberste Scheibe ist nicht mehr aus ESG, weil es nach wie vor noch Steinchen im Profil der Sohle und immer noch Absätze mit Nägeln gibt, die herausstehen können. Bei derartiger Beanspruchung kann TVG einen Kratzer davontragen, wird aber nicht zerbröseln wie ESG.

Die begangenen Oberflächen der Verglasungen müssen ausreichend rutschsicher sein. Deshalb sind für die oberste Oberfläche der obersten Scheibe – anders als für alle anderen Glasoberflächen – auch Oberflächenbehandlungen zulässig, selbst wenn diese die Festigkeit reduzieren.

Die Auflagerzwischenlagen müssen aus Elastomeren (z. B. Silikon, EPDM) bestehen. Sie müssen dauerelastisch sein und eine Härte von (60 bis 80) Shore A aufweisen. Die Auflagerzwischenlagen müssen zwischen 5 mm und 10 mm dick sein.

Eine Reihe punktförmig gelagerter Konstruktionen sind am Markt mit allgemeiner bauaufsichtlicher Zulassung erhältlich. Zu diesen Konstruktionen gehören auch Bohrungen zur Verschraubung. Gerade bei diesen eleganten Konstruktionen wird in der Praxis häufig auf den Kantenschutz verzichtet, weshalb landauf, landab die Scheiben aus vorgespanntem Glas geborsten zu besichtigen sind. Solche Konstruktionen sind zwar zugelassen, aber von begrenzter Zweckmäßigkeit. Auf diesen Grundlagen errichtete Treppen sind zurzeit modern. Wer mag bei einer Treppe – ob aus Glas oder nicht – einen Stoß auf die Stufenvorderkante ausschließen. Es mag erlaubt sein zu sagen, dass andere Materialien als Glas für Treppenstufen nicht aus dem Baugeschehen verschwinden werden.

Betretbare Verglasung (zu DIN 18008-6: Zusatzanforderungen an zu Instandhaltungsmaßnahmen betretbare Verglasungen und an durchsturzsichere Verglasungen)

Im Gegensatz zur begehbaren Verglasung werden betretbare Verglasungen nur für Instandhaltungszwecke betreten. Eine betretbare Verglasung ist eine nicht planmäßig begehbare Glasfläche, die für Wartungs- und Reparaturzwecke zugänglich sein muss. Betretbare Verglasungen müssen den Mitarbeitern Unfallsicherheit gewährleisten, dürfen aber im Allgemeinen mit schonender Behandlung rechnen. Zum Beispiel wird die Glasreinigung ihre Fußbekleidung zweckmäßig wählen. Die Definition besagt, dass ein Mann mit Werkzeug ohnmächtig wird und das herunterfallende Werkzeug das Glas zerbricht. Der Mann muss gerettet werden können.

Die Durchsturzsicherheit wird nicht durch die Festigkeit der Konstruktion allein erreicht, sondern auch dadurch, dass jeweils nur eine Person auf einer Scheibe steht, und diese

Person keine Gegenstände (z. B. Werkzeuge, Ersatzteile) mitführt, die eine Masse von mehr als 4,00 kg besitzen, mit Ausnahme eines wassergefüllten Kunststoffeimers mit max. 10 l Fassungsvermögen. Je Scheibe ist zusätzlich eine Mannlast von 1,5 kN auf einer Fläche von 10 × 10 cm in ungünstigster Stellung anzusetzen. Die Prüfung erfolgt nach der Arbeitsschutzregel *»Grundsätze für die Prüfung und Zertifizierung der bedingten Betretbarkeit oder Durchsturzsicherheit von Bauteilen bei Bau- oder Instandhaltungsarbeiten (GS-Bau-18)«* mit einem sandgefüllten Leinensack. Wegen der Überschneidung mit dem Arbeitsrecht ist Teil 6 der Verglasungsnorm keine Eingeführte Technische Baubestimmung. Zuviel Regelung schafft nicht Sicherheit, sondern Unsicherheit. Nach DIN 18008 gelten folgende Anforderungen:

- Die betretbare Scheibe aus vorgespanntem Glas schützt vor Splitterbildung.
- Es gelten die Regeln für Horizontalverglasungen (linienförmige Lagerung, über 1,20 m Spannweite vierseitig gelagert, ohne Bohrungen.)
- Betretbare Verglasungen sind als VSG-Scheiben mit mindestens zwei Einzelscheiben auszuführen. Bei Isolierglas muss die untere Scheibe aus VSG bestehen.
- Es sind VSG-Folien mit einer Stärke von mindestens 0,76 mm aus Polyvinylbutyral (PVB) zu verwenden. Andere Verbundmaterialien sind zulässig, wenn deren Eigenschaften hinsichtlich Resttragfähigkeit nachgewiesen werden.
- Im Übrigen sind nur geregelte Bauprodukte zu verwenden, nun einschließlich TVG.

Bauteile, die diese Anforderungen nicht erfüllen, sind zulässig, aber gelten als »nicht betretbare Bauteile« im Sinne der Unfallverhütungsvorschriften. Dann besteht die Wahl zwischen betretbarer Verglasung oder einer Befahranlage. Auch die Landesbauordnungen fordern, für vom Dach aus vorzunehmende Arbeiten sicher benutzbare Vorrichtungen anzubringen.

Begehbare Isolierverglasung

Nimmt man die genannten Punkte zusammen, steht eine begehbare Horizontalverglasung im Freien vor einer Reihe von Problemen. Aus der spröden Tatsache, dass Verglasungen zwar regensicher sind, aber nicht wasserdicht, leitet sich eine Mindestdachneigung ab. Diese Mindestdachneigung für den Wasserabfluss von regensicheren Dachdeckungen ist für Glas nicht besonders festgelegt. In Regelwerken für andere Baustoffe ist festgehalten, dass Wasser erst ab Neigungen von 2° abfließt. Die Grenze zwischen wasserdichter Dachabdichtung und regensicherer Dachdeckung ist deutlich steiler. Die europäischen Hinweise für Verglasungen DIN EN 12488 gelten ab 5° Neigung zur Horizontalen (dort beschrieben als 85° zur Vertikalen). Die Regel für geklebte Verglasungen nennt eine Mindestdachneigung von 7° zur Horizontalen, um stehendes Wasser in der Klebung zu vermeiden. Jede Mindestdachneigung ist dem Begehen hinderlich. Unter einer begehbaren Verglasung mit entsprechend geringem Gefälle wird eine zweite Entwässerungsebene viel Wasser abkriegen. Ob Glas, ob Blech, ob Ziegel, ob Bitumenbahn, ob Fliesen: Unter einer Mindestneigung gibt es Probleme mit stehendem Wasser.

Begehbare Verglasungen brauchen eine lastverteilende Auflage mit definierter Mindesthärte (siehe begehbare Verglasung). Die Anforderung ist entgegengesetzt der Anforderung an eine abdichtende Unterlage, von der eine hohe Rückstellfähigkeit bei elastischer Verformung gefordert wird. Die feste Auflage ist an ihren Stößen kaum zuverlässig regensicher, geschweige denn wasserdicht. Die zweite Entwässerungsebene wird mit Niederschlagswasser belastet.

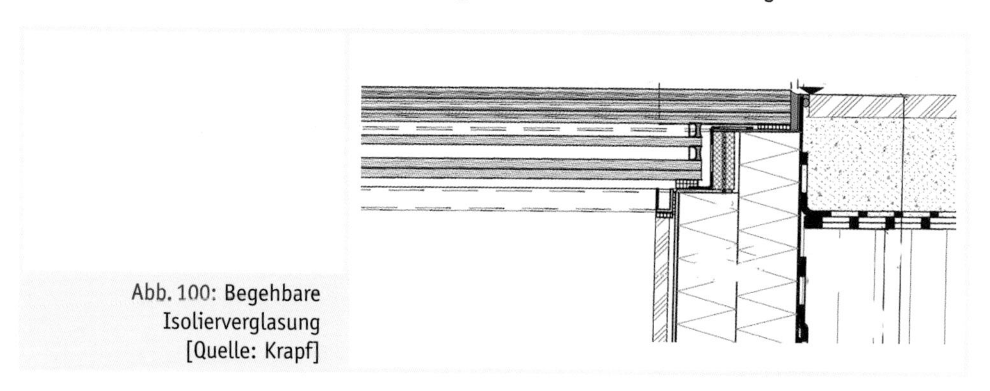

Abb. 100: Begehbare Isolierverglasung [Quelle: Krapf]

Bei der begehbaren Verglasung über beheizten Räumen kommt die Wärmedämmung dazu. Die begehbare Einzelscheibe aus VSG allein ist noch kein Glasdach. Wärmedämmendes Isolierglas benötigt einen entlüfteten und entwässerten Glasfalz, ungefähr an der gleichen Stelle, wo die begehbare Verglasung hoch belastbar gelagert sein muss. Das wird dann zum Beispiel mit einem Stufenfalz gelöst. Die begehbare VSG-Scheibe liegt auf einer harten Auflage. Die kleinere Isolierverglasung soll dicht auf einer hoch elastischen Dichtung aufliegen. Das ist erstens, wie andere Verglasungen auch, nie ganz dicht und zweitens ist der Glasfalz ungedämmt der Außentemperatur ausgesetzt. Die zweite Entwässerungsebene wird mit Kondenswasser belastet. Darüber hinaus weicht es von der DIN-Forderung ab, dass die linienförmige Lagerung für alle Scheiben eines Isolierglaspakets wirksam sein muss: Die obere VSG ist tragend gelagert, die untere dichtend – also weich – gelagert.

Die Wärmedämmung und die zweite Entwässerungsebene führen zu einer weiteren Bauteilschicht. Wenn diese mit der begehbaren Verglasung nicht als Isolierglas verbunden ist, muss sie zu Reinigungszwecken zu öffnen sein. Es ergibt sich eine Art Kastenfenster oder Verbundfenster, in jedem Fall ist eine mehrschalige Konstruktion vorzuziehen. Die bisher vorliegenden Versuche, ein begehbares Isolierglaselement als wasserdichtes Flachdach zu nutzen, widersprechen dieser Darstellung nicht.

Für die nur zu Reinigungszwecken betretbaren Verglasungen gelten diese Bedenken nicht. Diese Verglasungen können geneigt sein, die oberste Scheibe des Verbunds aus ESG wird nicht geritzt, auch komplizierte Verglasungen werden regelmäßig gereinigt.

Abb. 101: Erst begehbare Isolier-Verglasung, dann gesperrt und nachher Beton

3.7 Geklebte Verglasungen

Autoscheiben werden schon lange geklebt. Aquarien werden geklebt. Am Bau kommen zwei erschwerende Bedingungen hinzu. Bei Wind und Wetter am Bau zu kleben ist anders als in der geheizten und staubfreien Fabrik zu kleben. Außerdem ist es etwas anderes Isolierglas zu kleben als Einfachglas. Schon die Isolierglasscheibe selbst ist geklebt. Geklebt wird unter kontrollierten Bedingungen der Temperatur und Feuchte, ohne Staub und ohne Wackeln. Die Qualität der Arbeit wird kontrolliert und dokumentiert. So war das nicht immer. Erste Isolierverglasungen wurden in den USA am Bau aus Fensterglas und Hartholzleisten zusammengeklebt. Ähnlich unbefangen werden heute in Asien Verglasungen am Bau auf verschiedene Unterkonstruktionen geklebt.

Abb. 102: Absturzsichernde Verglasung in Südamerika örtlich geklebt

Geklebte Verglasungen sind in der internationalen Architekturszene unübersehbar. Der englische Begriff »structural glazing« steht für geklebte Glaskonstruktionen, bei denen Glas mit einem Kleber, welcher nachweislich in der Lage ist, alle auf die Verglasung einwirkenden Lasten zu übertragen, an einen Glashalterahmen angebunden wird. Um das Kleben bei Wind und Wetter am Bau zu vermeiden, werden in Europa unter geschützten Bedingungen Hilfsrahmen mit dem Glas verklebt und diese Hilfsrahmen mechanisch am Bau befestigt. Die europäische Norm verlangt, dass das Kleben der Glasprodukte nur unter kontrollierten Umgebungsbedingungen erfolgen darf. Damit ist ein Kleben unter üblichen Baustellenbedingungen praktisch ausgeschlossen. ETAG 002:2012: *»The structural sealant is to be factory applied«*. (Die tragende Klebung muss in der Fabrik aufgetragen werden). ETAG heißt Europäische Richtlinie für Technische Zulassungen (European Technical Approval Guideline).

Deutsches Recht verlangt mehr. In MVVTB 2019 heißt es dazu:

»In Ermangelung einer allgemein anerkannten Regel der Technik für die Planung, Bemessung und Ausführung von geklebten Glaskonstruktionen unter Verwendung von Bauprodukten mit einer ETA nach ETAG 002 oder EAD 090035-00-0404 ist ein Nachweis gemäß § 16a MBO1 erforderlich.«

Damit ist die Norm DIN EN 13022 – geklebte Verglasung – ausdrücklich aus dem Kreis der allgemein anerkannte Regeln der Technik ausgeschlossen. Teil 1 beschreibt die Bestandteile für die europäische technische Zulassung nach ETAG 002. Teil 2 beschreibt das Vorgehen beim Kleben.

»Geklebte Verglasungen« sind nach DIN EN 13022 und ETAG 002 ausdrücklich »structural glazing«. Die deutsche Fassung ist missverständlich, weil sie handelsübliche Kunststofffenster mit eingeklebter Isolierglasscheibe – vulgo: geklebte Verglasung – nicht umfasst (siehe unten im selben Kapitel). Englisch heißen Letztere zur besseren Unterscheidung »direct glazing«.

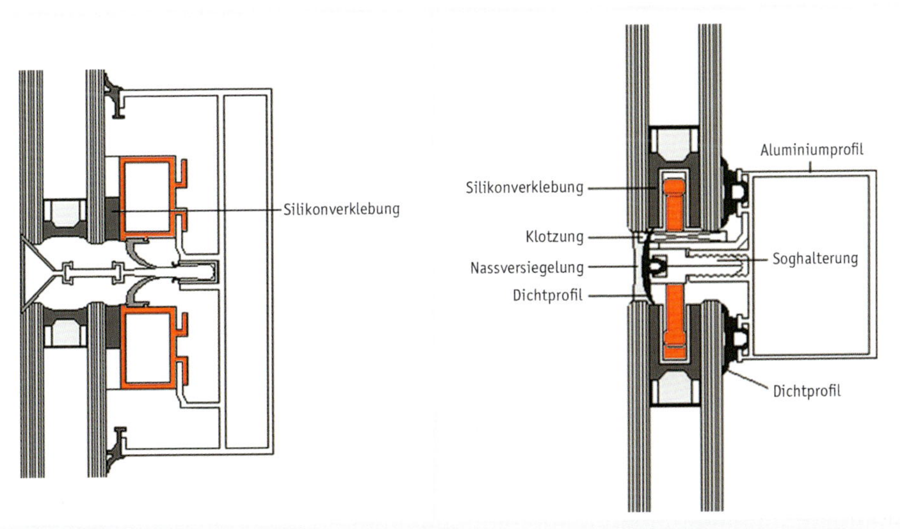

Abb. 103: Mechanische Befestigung geklebter Verglasung am Baukörper [Quelle: Jens Schneider in Baunetz Wissen Glas]

Diese geklebten Verglasungen »structural glazing« sehen von außen aus wie Fassaden ganz aus Glas ohne hervortretende Rahmenteile, weisen aber von innen größere Ansichtsbreiten der Profile auf als die handelsüblichen Pfosten-Riegel-Konstruktionen und Fenster. Schlanker sind Systeme, bei denen der Hilfsrahmen zur mechanischen Befestigung in den geklebten Randverbund des Isolierglaspakets eingeklebt ist. Die Verklebung trägt die äußere Scheibe. An der Stelle wird die Entwicklung nicht stehen bleiben. In Asien ist man schon heute mutiger. Europäisches Sicherheitsdenken setzt weiterhin auf die Kombination der geklebten Verglasung mit mechanisch befestigten Tellerhaltern.

Unterschieden werden in der genannten Norm die vier Typen I bis IV, die die Lastabtragung und die Sicherung der Scheibe definitorisch trennen. Typen I und II tragen die Last der Scheibe mechanisch, Typen III und IV tragen die Last der Scheibe durch Kleben. Typen I und III sichern die Scheiben mechanisch. Typen II und IV sichern die Scheiben durch Kleben. Die Norm räumt ein: *»Haltevorrichtungen können durch nationale Regelungen gefordert sein.«* Typen III und IV sind in Deutschland durch nationale Regelungen nur eingeschränkt anwendbar.

Tab. 12: Tabellarische Darstellung zu DIN EN 13022

Typ	I	II	III	IV
Lastabtragung	mechanisch	mechanisch	Kleben	Kleben
Sichern	mechanisch	Kleben	mechanisch	Kleben
Nationale Regelung	zulässig	zulässig bis 8 m Höhe	eingeschränkt zulässig	eingeschränkt zulässig

Typ I trägt die Last der Scheibe einschließlich der äußeren Scheibe der Isolierverglasung mechanisch ab und sichert die Verglasung einschließlich der äußeren Scheibe der Isolierverglasung mechanisch zur Gefahrenverringerung bei Versagen der Klebung.

Typ II trägt die Last der Scheibe einschließlich der äußeren Scheibe der Isolierverglasung mechanisch ab und verzichtet auf eine mechanische Sicherung zur Gefahrenverringerung bei Versagen der Klebung.

Typ III trägt die Last der Scheibe einschließlich der äußeren Scheibe der Isolierverglasung durch Kleben ab und sichert die Verglasung einschließlich der äußeren Scheibe der Isolierverglasung mechanisch zur Gefahrenverringerung bei Versagen der Klebung.

Typ IV trägt die Last der Scheibe einschließlich der äußeren Scheibe der Isolierverglasung durch Kleben und verzichtet auf eine mechanische Sicherung zur Gefahrenverringerung bei Versagen der Klebung.

Innerhalb dieser vier Typen werden drei Einbausituationen unterschieden, von denen wiederum die Situationen 2 und 3 ohne mechanische Sicherung in Deutschland durch nationale Regelungen nur eingeschränkt anwendbar sind.

Tab. 13: Tabellarische Darstellung zu DIN EN 13022

Situation	Isolierglas		Einfachglas
	1	2	3
Randverbund	nicht tragend	tragend	tragend
	abdichtend	und abdichtend	und abdichtend
Nationale Regelung	zulässig	eingeschränkt zulässig	eingeschränkt zulässig

Situation 1: Die äußere Scheibe ist tragend mit dem Hilfsrahmen verklebt. Der Randverbund des Isolierglases hat keine tragende Funktion, sondern nur eine abdichtende Funktion.

Situation 2: Die innere Scheibe ist tragend mit dem Hilfsrahmen verklebt. Der Randverbund des Isolierglases hat tragende und abdichtende Funktion.

Situation 3: Einfachverglasung aus VG oder VSG wird auf den Hilfsrahmen geklebt. Die Klebung hat tragende und abdichtende Funktion.

In Deutschland wird auf die mechanische Sicherung nur bei vertikalen Verglasungen in ebenerdigen Räumen verzichtet, womit Schaufenster verklausuliert sind.

Es werden Floatglas, vorgespannte Gläser, Verbundgläser und sogar Ornamentglas aus Kalk-Natronsilicatglas als Einzelgläser und als Isolierglas, flach und gebogen, verwendet. Die Glasdicke wird nach EN 16612 bestimmt und nicht nach DIN 18008. Geklebte Verglasungen können vertikal und schräg (allerdings nicht flacher als 7° zur Horizontalen) eingebaut werden. Spitzwinklige Zuschnitte sind nicht zulässig. Innenecken und Ausschnitte sind nur in vorgespanntem Glas zulässig.

Die Norm lässt die Verklebung an beschichteten und emaillierten Glasoberflächen zu, wenn ein Haftzugnachweis erbracht wird. Die Eigenschaften der lastübertragenden Dichtstoffe wie UV-Beständigkeit, Haftfestigkeit, Haftfestigkeit der Beschichtung usw. sind durch CE-Zeichen nachzuweisen.

Wenn die äußere Dichtung des Isolierglases eine tragende Funktion hat, und/oder ungeschützt der UV-Strahlung ausgesetzt ist, dürfen nur Dichtungen auf Silikonbasis beim Einbau der Verglasung verwendet werden. Die UV-Beständigkeit der Klebung wird nach der Norm DIN 18545 nach verschiedenen Kriterien im Labor geprüft. Dazu gehören sichtbares und unsichtbares Licht, Sprühnebel, Dampf, Gas, Brand, aber nicht die Lagerung in Wasser. Über die üblichen Maßnahmen zur Abführung von Wasser hinaus sollte die geklebte lastabtragende Glaskonstruktion so ausgelegt sein, dass auf der lastübertragenden Verklebung keine Staunässe vorhanden ist. Die Fassade sollte so ausgelegt sein, dass sich kein Wasser in der Umgebung der lastübertragenden Verklebung sammelt (siehe auch Kapitel 2).

Geklebte Verglasung im normalen Fensterbau

Ganz anderes gilt für die verbreitete Anwendung der geklebten Verglasungen »direct glazing« im normalen Fensterbau. Ein Isolierglas mit Stufenfalz wird auf den Flügelrahmen geklebt. Die Verglasung wird im geschlossenen Zustand durch den Überschlag des Blendrahmens linienförmig gesichert. Erleichternd fällt das Fenster in den Geltungsbereich der europäischen Produktnorm für Fenster EN 14351-1 (siehe Abschnitt 2), die CE-gekennzeichnet werden, und nicht unter die zulassungspflichtigen geklebten Fassaden nach ETAG 002 bzw. DIN EN 13022. Insofern stiftet die Verwendung des Begriffs »geklebte Verglasung« für beide Verglasungsarten Verwirrung. Zum Glück gibt es Anglizismen.

Ein Isolierglaspaket mit allseitigem Stufenfalz wird in den Flügel so eingeklebt, dass die äußere Scheibe den Flügelrahmen vollständig abdeckt. Der Flügel fällt in den Falz des Blockrahmens und damit ist die geklebte äußere Schale durch den Blockrahmen mechanisch gegen Absturz gesichert. Die Glasfläche wird nur von außen gesehen größer. Von innen wird das Profil nicht schlanker. Der Öffnungsflügel sieht von außen fast wie eine Festverglasung aus. Die Oberfläche eines Flügelrahmens aus Holz muss von außen nicht gestrichen werden. Kunststoffrahmen werden vom beschichteten Glas vor UV-Strahlen geschützt. Die Glashalteleiste entfällt, vier Teile weniger sind zu montieren. Der feste Verbund von Flügel und Verglasung erhöht die Festigkeit des Rahmens. Rahmen werden schmaler. Kunststoffrahmen müssen mit weniger Stahl verstärkt werden. Dadurch wird die Wärmedämmung besser.

Im Fall der Reparaturverglasung muss das Stufenfalzglas vom Rahmen geschnitten werden, ohne den Rahmen zu beschädigen. Ein passendes Stufenfalzglas muss neu eingeklebt werden. Im Falle des Falles muss man sich davon verabschieden, dass der Glaser von nebenan mal eben eine neue Scheibe einsetzt. Beim Maß des Stufenfalzes, beim Einstandsmaß im Falz und den zum Teil systemgebundenen Glaspaketdicken kann man nur hoffen, dass es bei einem Schaden nach so und so viel Jahren keine Lieferschwierigkeiten gibt.

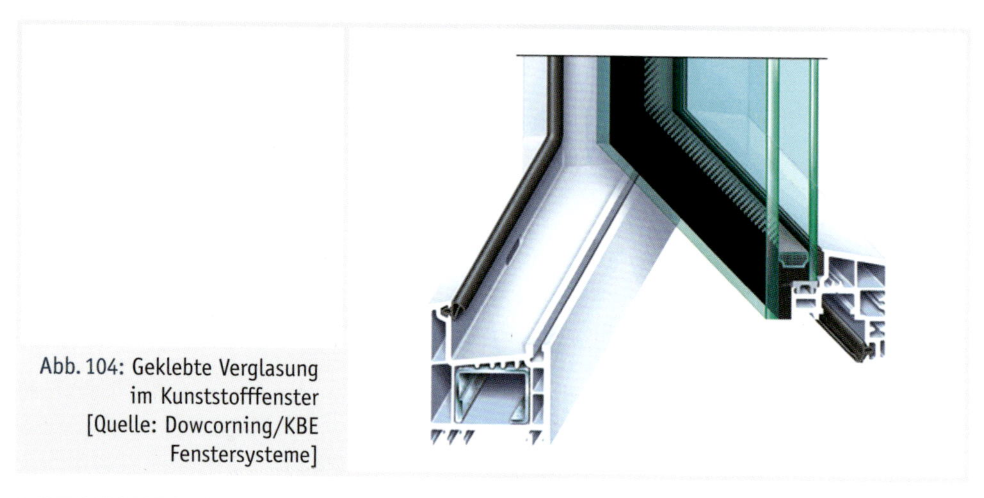

Abb. 104: Geklebte Verglasung im Kunststofffenster [Quelle: Dowcorning/KBE Fenstersysteme]

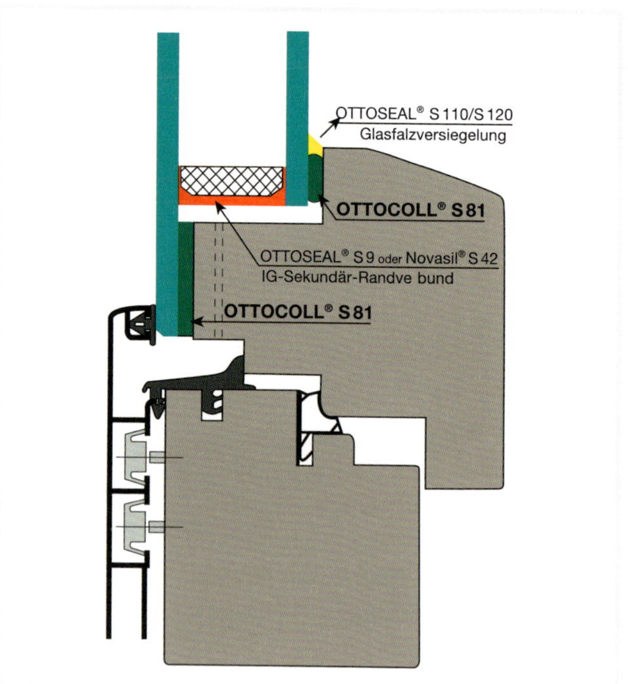

Abb. 105: Geklebte Verglasung in Holz-Aluminium-Fenster [Quelle: Otto-Chemie]

Die geklebte Verglasung verstärkt den Rahmen. Das hört sich neu an, aber durch die Klotzung haben schon seit vielen Jahren die Glasscheiben den Rahmen mitgetragen. Auch geklebte Verglasung wird beim Einbau auf Klötze gestellt. Die geklebte Verglasung ohne Klotzung mag sich irgendwann durchsetzen.

3.8 Klotzung

Glasscheiben und Isolierglaselemente werden im Falz mit Klötzen in ihrer Lage gesichert, und die Last der Scheibe ruht auf Klötzen. Die Bezeichnung »Tragklotz« zeigt deutlich, dass linienförmig gelagerte Verglasungen – entgegen ihrer Bezeichnung – ihre Last über die Tragklötze punktförmig in den Rahmen einbringen. Auch geklebte Verglasungen sollen ihre Last linienförmig auf den Rahmen übertragen und ruhen dennoch auf Klötzen. Die Lagerung der Scheibe zwischen Klötzen hat eine konstruktive Bedeutung für den Flügelrahmen. Zwar darf der Fensterrahmen keine Gebäudelasten in das Glas einleiten. Das heißt aber nicht, dass das Glas nichts tragen würde. Die Verglasung trägt ihre Eigenlast und steift den Flügel aus. In einem Fensterflügel werden die Kräfte über Klötze in den Rahmen eingetragen. Die Dichtmasse dient der Abdichtung. Es gibt hier – wie bei der punktförmig gelagerten und wie bei der geklebten Verglasung – die Trennung zwischen Tragen und Dichten.

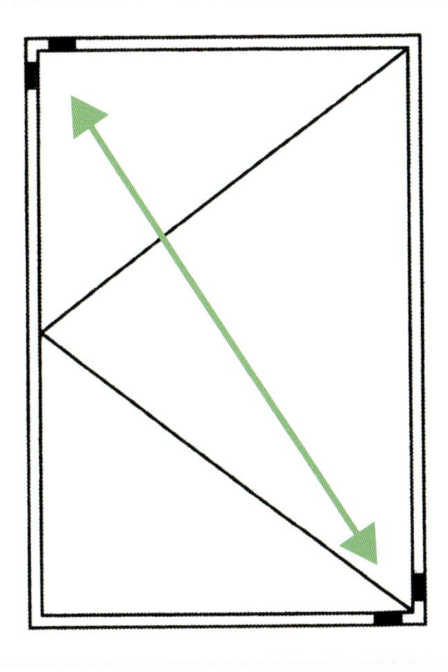

Abb. 106: Glasscheibe steift den Fensterrahmen aus. [Quelle: Technische Richtlinie des Glaserhandwerks]

Die Klotzung hat wie andere technische Regeln den Weg von Fachregeln des Glaserhandwerks zur Norm gefunden, hier DIN EN 12488 – Empfehlungen für die Verglasung. Die Klotzungsregel zeigt eindeutig, dass die Scheibe in einem beweglichen Flügel so geklotzt wird, dass die Verglasung diagonale Druckkräfte des Rahmens aufnimmt. Die Verglasung steift den Rahmen aus und übernimmt dessen diagonale Kräfte. Die Verglasung stützt den Rahmen. In dieser Hinsicht ist also das verklebte Fenster weniger revolutionär, als es den ersten Anschein hat. Klemmt der Flügel oder die Tür, lohnt ein Blick in den Glasfalz auf die Klotzung. Die Norm benennt Position, Werkstoff, Länge, Breite und Dicke der Klötze.

Kerbrisse von der Kante her können an einer ungeeigneten Klotzung ihren Ausgangspunkt finden, welche die Glaskante beschädigt. Die Regeln für die Klotzung gelten für horizontale und vertikale, linienförmig gelagerte und geklebte Verglasungen. Die Klötze sind Blöckchen – früher aus Hartholz, heute aus Kunststoff. Sie müssen bei Temperatur und Feuchte ihre Form wahren, dürfen chemisch nicht mit Rahmenmaterial, Zwischenfolien und Randverbund reagieren.

Die Klötze werden im freien Falzraum zwischen Falzhöhe und Glaseinstand eingebaut, welcher etwa ein Drittel der Falzhöhe ausmacht. In diesem wird auch Kondensat abgelüftet bzw. abgeleitet, die Klötze dürfen den Falzraum nicht vollständig verschließen. Dazu werden Klotzbrücken eingesetzt. In einem unebenen Falzgrund – zum Beispiel durch Verstärkungsstege stranggepresster Profile – ist durch eine Einlage ein ebenes Auflager zu schaffen.

Die Klotzdicke ergibt sich aus dem freien Falzraum. Die Klotzlänge richtet sich nach der Tragfähigkeit. Verbreitet sind Längen von 80 bis 100 mm. Im dichtstofffreien Falzraum sind die Klötze gegen Verschieben zu sichern. Dazu werden sie auch lange vor der geklebten Verglasung schon geklebt.

Besondere Anforderungen in allen Kriterien enthalten die Zulassungen von Brandschutzverglasungen und Sonderverglasungen, auch was die Klotzung anbelangt.

Festverglasungen und Schiebetüren werden symmetrisch geklotzt. Bei Schiebetüren sichern zusätzliche Distanzklötze die Lage der Verglasung im Rahmen. Flügelverglasungen werden so diagonal geklotzt, dass die Verglasung den Flügel aussteift. Flügel mit mehreren Bewegungen, wie Dreh-Kipp-Flügel oder Hebe-Dreh-Kipp-Flügel werden für die Hauptbeanspruchung mit Lastklötzen gelagert. Zusätzliche Distanzklötze sichern die Lage der Verglasung im Rahmen. Beim Wechsel von Drehen zu Kippen wird aus einem Distanzklotz ein Tragklotz. Schwing- und Wendeflügel werden für alle vorkommenden Lagen geklotzt. Gebogene Scheiben übertragen senkrechte und waagerechte Kräfte über Klötze auf den Rahmen. Bei dreieckigen, vieleckigen und gerundeten Scheiben sind viele Klötze erforderlich.

3.9 Schutzverglasung

Vom Ballwurf bis zur Bombe ist alles genormt. Europäische Normen ersetzen nationale Normen für ballwurf-, durchbruch-, durchschuss- und sprengwirkungshemmende Verglasungen. Allerdings nicht – wie früher angekündigt – im Rahmen des Normenwerks DIN 18008, weil dieses Normenwerk nur das handelbare Produkt und nicht den Einbau regelt. Beim Einbau von geprüften einbruchhemmenden Bauelementen sind die Vorgaben der Hersteller in der den Produkten beiliegenden Montageanleitungen zu beachten. In der Montageanleitung ist unter anderem festgelegt, mit welchen Montagemitteln und in welchen Abständen die Elemente befestigt werden müssen. Des Weiteren wird darauf verwiesen, welche Bereiche (in der Regel die Verriegelungs- und Bandpunkte) des Bauteils eine besonders starre Befestigung (druckfeste Hinterfütterung) zum Mauerwerk benötigen und welche Montagesituationen (Montage in Laibung und/oder im zweischaligem Mauerwerk) überhaupt möglich sind.

Durchwurfhemmung und Einbruchhemmung

Das ganze europäische Normenwerk für besonders beanspruchte Fenster, Türen, Vorhangfassaden und Gitter wurde 2011 rundum erneuert. Dabei werden in DIN EN 1627 vier Produktgruppen unterschieden:

- Gruppe 1: Drehflügelfenster und -türen
- Gruppe 2: Schiebetüren und Schiebefenster
- Gruppe 3: z. B. Rollladen
- Gruppe 4: z. B. Gitter

Hier interessieren vorwiegend die Fenster, Gruppen 1 und 2.

Die unterschiedlichen Angriffe werden als Text erläutert, Prüfverfahren werden beschrieben, die Schutzklassen werden Anwendungstypen zugeordnet. Die Norm DIN EN 1627 beschreibt Orientierungskriterien für die Auswahl der Widerstandsklassen auch als Fließtext.

Widerstandsklasse 1

Der Gelegenheitstäter versucht, das Fenster oder die Tür durch den Einsatz körperlicher Gewalt aufzubrechen, z. B. durch Gegentreten, Schulterwurf, Hochschieben, Herausreißen.

Widerstandsklasse 2

Der Gelegenheitstäter versucht, zusätzlich mit einfachen Werkzeugen (wie Schraubendreher, Zange) das verschlossene und verriegelte Bauteil aufzubrechen.

Widerstandsklasse 3

Der Täter versucht zusätzlich mit einem zweiten Schraubendreher und einem Kuhfuß, das verschlossene und verriegelte Bauteil aufzubrechen.

Widerstandsklasse 4

Der erfahrene Täter verwendet zusätzlich Sägewerkzeuge und Schlagwerkzeuge, wie Schlagaxt, Stemmeisen, Hammer sowie eine Akku-Bohrmaschine.

Widerstandsklasse 5

Der erfahrende Täter setzt zusätzlich Elektrowerkzeuge, wie z. B. Bohrmaschine, Stich- oder Säbelsäge und Winkelschleifer mit einem maximalen Scheibendurchmesser von 125 mm ein.

Widerstandsklasse 6

Der erfahrene Täter setzt zusätzlich leistungsfähige Elektrowerkzeuge, wie z. B. Bohrmaschine, Stich- oder Säbelsäge und Winkschleifer mit einem maximalen Scheibendurchmesser von 250 mm ein.

Wer sich schützen will, sollte bedenken, dass die Widerstandsklassen der Fenster in zweiten Rettungswegen auch gegen die Feuerwehr wirksam werden.

Tab. 14: Tabellarische Übersicht zu DIN EN 1627

Einsatzbereich	Widerstandsklasse	Tätertyp, Täterverhalten
Wohngebäude, Gewerbe, öffentliche Gebäude		
Nicht direkt ebenerdig zugänglich	RC1 N	Grundschutz gegen körperliche Gewalt, geringer Schutz gegen Einsatz von Hebelwerkzeugen
Durchschnittliches Risiko	RC2 N	Gelegenheitstäter, einfache Werkzeuge (Schraubenzieher, Zangen, Keile)
	RC 2	Gelegenheitstäter, einfache Werkzeuge (Schraubenzieher, Zangen, Keile)
Hohes Risiko	RC 3	Täter setzt zusätzlich zweiten Schraubenzieher und Kuhfuß ein
Gewerbeobjekte, öffentliche Gebäude		
Geringes Risiko	RC 4	Erfahrener Täter setzt zusätzlich Säge- und Schlagwerkzeuge (Axt, Stemmeisen, Hammer, Meißel) sowie einen Akku-Bohrer ein
Durchschnittliches Risiko	RC 5	Erfahrener Täter setzt zusätzlich Elektrowerkzeuge (Bohrmaschinen, Stich- oder Säbelsäge, Winkelschleifer) ein
Hohes Risiko	RC 6	Erfahrener Täter setzt zusätzlich leistungsfähige Elektrowerkzeuge (Bohrmaschinen, Stich- oder Säbelsäge, Winkelschleifer) ein

Die Widerstandsklassen heißen jetzt RC 1 bis 6 (Englisch »resistance class« statt deutsch »Widerstandsklassen«). Die Testverfahren sind realistisch gestaltet und beschrieben.

Zu den Widerstandsklassen (RC) der Fenster und Türen gehören Verglasungen nach einer anderen Norm (DIN EN 356). Wie bei europäischen Normen üblich gibt es die Kategorie 0, die hier N heißt, N = no requirements (keine Anforderung). Siehe »no performance determined« in DIN EN 14351 zur sogenannten einheitlichen europäischen Nomenklatur. Die Klassen RC 1 und 2 N bieten keinen Schutz bei Angriff gegen die Verglasung.

Tab. 15: DIN EN 1627 Tabelle 1 und Materialbeispiele

Widerstands-klasse	Dicke (mm) Einzelscheibe Herstellerbeispiel	Verglasung gemäß DIN EN 356	Prüfung nach EN 356 (Auszug)
RC 1 N / RC 2 N		Keine Anforderung	
RC 2	9,5 mm	P4 A (durchwurfhemmend)	Fallhöhe 9 m / 3 Treffer in einem Dreieck mit 130 mm Kantenlänge
RC 3		P5 A (durchwurfhemmend)	Fallhöhe 9 m / 3 × 3 Treffer in einem Dreieck mit 130 mm Kantenlänge
RC 4	33 mm	P6 B (durchbruchhemmend)	30 bis 50 Axthiebe / Durchbruch 40/40 cm
RC 5	50 mm	P7 B (durchbruchhemmend)	51 bis 70 Axthiebe / Durchbruch 40/40 cm
RC 6	59 mm	P8 B (durchbruchhemmend)	Über 70 Axthiebe / Durchbruch 40/40 cm

Geregelt ist auch die Dauer der Prüfung. Die Gesamtzeit umfasst Beobachtungszeit, Widerstandszeit, Ruhezeit und Zeit für Werkzeugwechsel.

Tab. 16: DIN EN 1627 Tabelle 7

Wider-standsklasse DIN EN 1627	Werkzeugsatz	Widerstandszeit (Minuten)	Max. Gesamtprüfzeit (Minuten)
RC 1	A 1	Keine manuelle Prüfung	
RC 2	A 2	3	15
RC 3	A 3	5	20
RC 4	A 4	10	30
RC 5	A 5	15	40
RC 6	A 6	20	50

Der Widerstand gegen Beschuss ist in DIN EN 1063 geregelt. Unterschieden wird der Widerstand gegen das Durchdringen von bestimmten Geschossen bestimmter Munitionsarten aus bestimmten Waffen. Neun Widerstandsklassen reichen von BR1 bis BR7 und von SG1 bis SG2, von der schlanken Pistole bis zu Kriegswaffen. Diese Tabelle ist um den Hinweis zu ergänzen, dass Gläser ab RC 4 so viel Licht durchlassen wie eine dunkle Sonnenbrille und so schwer werden, dass ein mechanischer Fensterantrieb zu erwägen ist.

Tab. 17: DIN EN 1063 Tabelle 1

Beanspruchungs-art	Kaliber	Schussentfernung (m)	Anzahl Treffer	Trefferabstand (mm)
BR 1	.22LR	10	3	120
BR 2	9 mm Luger	5	3	120
BR 3	0,357 Magnum	5	3	120
BR 4	0,44 Magnum	5	3	120
BR 5	5,56 × 45	10	3	120
BR 6	7,62 × 51	10	3	120
BR 7	7,62 × 51	10	3	120
SG 1	12 × 70	10	1	
SG 2	12 × 70	10	3	125 ± 10

Die sprengwirkungshemmende Verglasung wird unterteilt in die Widerstandsklassen ER 1 bis ER 4.

Tab. 18: DIN EN 13541 Tabelle 1

Widerstandsklasse gegen Sprengwirkung	Dicke (mm) Einzelscheibe Herstellerbeispiel	Maximaler Überdruck der reflektierten Stoßwelle (kPA ±5 %)	Dauer der Überdruckphase (ms) min.
ER 1	10	5 bis 100	≥ 20
ER 2	26	100 bis 150	≥ 20
ER 3	31	150 bis 200	≥ 20
ER 4	33	200 bis 250	≥ 20

Unabhängig von diesen Normen prüft der Verband der Sachversicherer VdS zur Prämienfestsetzung der Schutzobjekte die Sicherungseinrichtungen nach eigenen Kriterien und teilt sie in VdS-Klassen und Sicherungsklassen ein.

Randbedingungen

Die Schutzklassen europäischer Freihandelsnormen werden nur von Verglasung und Rahmen gemeinsam bei entsprechender Befestigung in gleichwertig stabile Wände erreicht, zum Beispiel Stahlbeton entsprechender Dicke. Die geprüfte Widerstandsfähigkeit eines Fensters oder einer Tür bedarf des geprüften und bestätigten Einbaus durch qualifizierte Fachkräfte. Das Prüfzeugnis des Produkts allein gewährleistet keine Sicherheit. Der Einbau nach Herstellervorschrift ist vom Unternehmer auf einem genormten Formblatt zu bestätigen.

3.10 Kratzer

Kratzer stören die Oberfläche von Glas, vor allem, wenn sie im Seitenlicht hell aufscheinen. Kratzer sind im Bauablauf unter Staub und Schmutz schwer zu erkennen. Auf die Fensterreinigung folgt dann die Frage: Wer war's? Die Frage beschäftigt die Baupraxis schon lange. Hadamar (a. a. O.) hat schon seit Jahrzehnten Richtlinien zur Beurteilung der visuellen Qualität von Isolierglas aus Spiegelglas (1990, 1996), und später Richtlinien für die Beurteilung der visuellen Qualität von Glas für das Bauwesen (2004, 2007, 2009) herausgebracht. Die Richtlinien werden im Rhythmus von etwa fünf Jahren fortgeschrieben, was die Detailaussagen wenig ändert. Bei der Fortschreibung wird der Geltungsbereich auf immer mehr Glasarten ausgeweitet. Der Bereich der zu beurteilenden Formate wird ausgeweitet. Ein Merkblatt für emaillierte Gläser ist 2013 erschienen.

Die vierte Auflage März 2019 heißt nun Visuelle Prüf- und Bewertungsgrundsätze für Verglasungen am Bau. Herausgeber sind neben dem Bundesinnungsverband des Glaserhandwerks der Verband Fenster und Fassade und der Bundesverband Flachglas, also Handwerk, Betriebe und Industrie. Die Richtlinien sind als ÖNORM und als englischsprachige Ausgabe zur Anwendung im Ausland erschienen. Die Struktur der Richtlinie wurde in der DIN EN 1279 zu Mehrscheiben-Isolierglas eingebunden, allerdings nicht in dem Umfang der Richtlinie. Kern der Richtlinie ist der Anspruch, von der subjektiven Beurteilung von visuellen Beeinträchtigungen zu objektiv beschreibbaren Grenzen der Hinnehmbarkeit zu kommen. Die Kriterien sollen ermöglichen, dass verschiedene Personen gegebene Oberflächenschäden möglichst gleich bewerten. Dazu wird beschrieben, in welchem Licht und aus welchem Abstand die Gläser zu beurteilen sind. Visuelle Beeinträchtigungen sind solche, die die Festigkeit des Glases und andere technische Eigenschaften nicht mindern.

Regelwerke dieses logischen Aufbaus bestehen inzwischen auch für organische Beschichtungen auf Holz und Metall, für Oberflächen aus Metall und Kunststoff, für Lacke und Eloxierung. Insofern waren die Glaser Pioniere für viele andere Arbeitsgebiete.

Glas wird in der Durchsicht auf hinter dem Glas liegende Gegenstände geprüft. Oberflächenschäden von Glas müssen bei Durchsicht auf dahinter liegende Objekte störend in Erscheinung treten. Das heißt, dass das auf den Hintergrund fokussierte Auge die Störung deutlich wahrnimmt. Das soll aus einem Betrachtungsabstand von einem Meter geprüft werden. Es geht nicht um eine Beurteilung mit der Nase am Glas oder gar mit der Lupe. Die Betrachtung soll nicht länger als eine Minute pro m² Glasfläche dauern! Nur Störungen, die bei dieser Art der Betrachtung auffallen, werden als Mängel behandelt. Die Beanstandungen dürfen nicht besonders markiert sein. Das Licht soll diffus sein ohne direktes Gegenlicht.

Drei Zonen werden unterschieden. In der Randzone und in der Hauptzone sind Fehler nur begrenzt zulässig.

- Der Glasfalz, in den ein Einblick nur teilweise von schräg möglich ist, jetzt anglifiziert R wie Rabbet.
- Die Randzone von 5 cm Breite oder 10 % der Glasfläche, durch die der Blick häufig auf Bauteile des Rahmens fallen wird, jetzt anglifiziert E wie Edge.
- Die Hauptzone, in der die höchsten Anforderungen an die Durchsicht gelten, jetzt anglifiziert M wie Main.

Bei nicht allseitig gerahmten Konstruktionen entfällt logischerweise für die nicht gerahmten Kanten das Betrachtungskriterium »im Glasfalz«. Anforderungen an den nicht gerahmten Randverbund von Isolierglas sind »zu vereinbaren«, das heißt in der Richtlinie nicht enthalten.

Im Glasfalz sind außen liegende flache Randbeschädigungen bzw. Muscheln zulässig, die die Randverbundbreite nicht überschreiten. Innenliegende Muscheln ohne lose Scherben sind zulässig, soweit sie durch Dichtungsmasse ausgefüllt sind. Punkt- und flächenförmige Rückstände sowie Kratzer sind uneingeschränkt zulässig. Die Bewertung der visuellen Qualität der Kanten von Glaserzeugnissen ist nicht Gegenstand dieser Richtlinie.

Die Tabellen sind 2019 neu gestaltet worden. Die zulässigen Abweichungen der Parallelität der/des Abstandhalter(s) zur geraden Glaskante oder zu weiteren Abstandhaltern (z. B. bei Dreifach-Wärmedämmglas) wurden verschärft. Sie betragen bis zu einer Grenzkantenlänge von 2,5 m nun 3 mm, bei größeren Kantenlängen 4 bzw. 5 mm. Die Abweichungen dürfen nicht 2 mm je 20 cm Kantenlänge überschreiten.

Verschärft gegenüber der Richtlinie 2014 ist insbesondere die Aussage: *»Haarkratzer sind nicht gehäuft erlaubt.«* Wer Aufkleber grob mit der Rasierklinge abkratzt, kann gleich neue Scheiben bestellen. Wobei der Begriff »Haarkratzer« wenig hilfreich ist. Menschenhaare sind mit 0,04 mm bis 0,12 mm dicker als störende Glaskratzer breit sind.

Tab. 19: Zulässige Anzahl punktförmiger Fehler

Zone	Größe der Fehler (ohne Höfe ∅ in mm)	Größe der Scheibe (m^2)			
		S ≤ 1	1 < S ≤ 2	2 < S ≤ 3	S > 3
R	Alle Größen	Uneingeschränkt			
E	∅ ≤ 1	Zulässig sind maximal 2 in einem Bereich mit ∅ ≤ 20 cm			
	1 < ∅ ≤ 3	4	1 je Meter umlaufende Kantenlänge		
	∅ > 3	Nicht zulässig			
M	∅ ≤ 2	2	3	5	5 + 2 je zusätzlichem m^2 über 3 m^2
		Zulässig ist maximal 1 in einem Bereich mit ∅ ≤ 50 cm			
	∅ > 2	Nicht zulässig			

Vorhandene Störfelder (Höfe) dürfen nicht größer als 3 mm sein.

Tab. 20: Zulässige Anzahl von Rückständen (Punkte und Flecken)

Zone	Größe der Fehler (ohne Höfe ∅ in mm)	Größe der Scheibe (m²) S≤1	1<S
R	Alle	Uneingeschränkt	
E	Punkte ∅ ≤ 1	Zulässig sind 3 in einem Bereich mit ∅ ≤ 20 cm	
	Punkte 1 < ∅ ≤ 3	4	1 je Meter umlaufende Kantenlänge
	Flecken ∅ > 17	1	
	Punkte ∅ > 3 Flecken ∅ > 17	Nicht zulässig	
M	Punkte ∅ ≤ 1	Zulässig sind 3 in jedem Bereich mit ∅ ≤ 20 cm	
	Punkte 1 < ∅ ≤ 3	Nicht zulässig	
	Punkte ∅ > 3 Flecken ∅ > 17	Nicht zulässig	

Tab. 21: Zulässige Zahl von Kratzern (Haarkratzer sind nicht gehäuft erlaubt)

Zone	Einzellänge (mm)	Summe der Einzellängen (mm)
R		Uneingeschränkt
E	≤ 30	≤ 90
M	≤ 15	≤ 45

Für thermisch behandelte Glasraten (ESG, TVG) ist zusätzlich die herstellungsbedingte Welligkeit auf 0,3 mm je 300 mm Messstrecke begrenzt. Für geklebte Verglasungskonstruktionen sind höhere Anforderungen erforderlich.

Bei Glaselementen aus mehr als zwei Scheiben (angriffshemmenden Verglasungen, Dreifach-Isolierglas) erhöht sich die Zahl zulässiger Beanstandungen der Randzone und der Hauptzone je zusätzlicher Glaseinheit und je Verbundglaseinheit um 25 % der oben genannten Werte.

Die Richtlinien gelten nicht für farbige Lichtbrechungen, klimatische Verformung von Isolierglas, Verzerrungen durch die Vorspannung von ESG und TVG und für Verschmutzung und Tauwasserbildung auf den Scheiben-Außenflächen.

Die in der Richtlinie genannten Fehler führen in zahlreichen Fällen dazu, dass Gläser ausgetauscht werden müssen. Begrenzte Schäden auf der Glasoberfläche können von Spezialfirmen wegpoliert werden.

3.11 Reparaturverglasung

Rechtmäßig errichtete Bauten und ihre Teile genießen den Bestandsschutz des Bau- und Planungsrechts. Neue Gebäudeteile, Erweiterungen und Modernisierungen sind nach geltendem Recht zu errichten. Bei Reparaturen ist mindestens die rechtmäßig hergestellte Bauweise wiederherzustellen. Die ist manchmal gar nicht mehr am Markt verfügbar, weil sich die Technik weiterentwickelt hat. Wenn die Verglasung eines Fensters ersetzt wird, sind die Anforderungen der Energieeinsparverordnung für Maßnahmen an bestehenden Gebäuden einzuhalten. Andere Isoliergläser gibt es dann kaum noch.

Abb. 107: Glasausbau mit schwerem Werkzeug

Beispiel

In die bestehenden Außenwände aus dem Jahr 1969 werden neue Fenster eingebaut. Eine gewöhnliche Außenwand nach dem Jahr 1969 aus 24 cm Hohlblocksteinen aus Beton hat etwa Wärmedurchlasswiderstand $R = d/\lambda = 0{,}29\ m/0{,}35\ W/mK$ = ungefähr $0{,}8\ m^2K/W$. An der

»ungünstigsten Stelle« wurden allerdings ungünstigere Werte geduldet. Die Wärmebrücke war noch nicht quantitativ geregelt. In diese Außenwand werden handelsübliche neue Fenster eingebaut mit einem U-Wert von 1,0 W/m²K. Das ist ein Wärmedurchlasswiderstand R von 1,0 m² K/W. Das ist besser als die Außenwand von 1969 und deutlich besser als die »ungünstigste Stelle« von 1969, zum Beispiel die Außenwandecke. In der Folge war nach dem Einbau neuer Fenster die Raufasertapete in den Raumecken die kälteste Oberfläche im Raum und nicht mehr die Fensterscheibe. An Raufaser kann das Kondenswasser nicht schadlos verdunsten oder aufgenommen werden wie auf Fenstern. Am Fenster konnte man Kondenswasser mit dem Lappen aufnehmen. An der durchfeuchteten Tapete führt Kondenswasser zu Schimmel. Durch die Verbesserung der Fenster entsteht eine Aufspreizung der Dämmwerte der Außenbauteile, die durch Heizen und Lüften der Bewohner nicht mehr zuverlässig beherrscht werden kann. Ein Merkblatt des Verbands Fenster + Fassade erteilt im September 2015 »Handlungsempfehlungen zur schimmelpilzfreien Teilmodernisierung mit Fenstern«. Man soll die heikelsten Wärmebrücken (physikalisch falsch aber verständlich: Kältebrücken) mit schmalen Dämmkeilen zusätzlich dämmen.

Bei Reparaturverglasungen kann es zu Abweichungen der Glaspaketdicke, der Falztiefe und der Glasfarbe kommen. Bei Reparaturverglasungen ist die Glasdicke zu überprüfen. Bestandsschutz gilt selbstverständlich nicht, wenn der aufgetretene Glasbruch auf eine überholte Bemessung zurückzuführen ist, etwa bei Glasbruch durch Sturm. Die Windlasten wurden nach den Herbststürmen der vergangenen Jahre deutlich erhöht. Sicherheitsrelevant verschärfte Anforderungen sind bei Reparaturen zu erfüllen. Bei absturzsichernder Verglasung gilt für jede Ersatzscheibe neues Recht. Drahtglas ist durch Sicherheitsglas zu ersetzen (Kapitel 3.4).

Bei im Einzelfall zugelassenen – geklebten, gebohrten, geklemmten – Konstruktionen kommt die Frage der Liefermöglichkeit einer angepassten Weiterentwicklung der früher zulässigen Bauweise dazu. Die Sache wird nicht einfacher, wenn der Rahmen beim Lösen der Klebung von geklebten Verglasungen beschädigt wird. Im Zweifelsfall ist die zuständige Bauaufsichtsbehörde zu fragen. Eine nicht abgestimmte Reparatur kann schwer absehbare Haftungsfolgen nach sich ziehen. Man denke nur an Sicherheitsglas in Türen in Schulen oder Arbeitsstätten.

3.12 Zusammenfassung

Glas ist – anders als die Geschichte mit dem Kind und dem Fußball nahelegt – ein widerstandsfähiger Baustoff. Bei der Begegnung mit dem Fußball ist zu berücksichtigen, dass Fensterglas oft nur 4 oder 5 mm dick ist. Ein 4 mm dickes Brett würde dem Fußball auch nicht standhalten. Glas hat durchaus mit anderen Baustoffen vergleichbare Biege- und Zugfestigkeiten.

Im Gegensatz zu den genannten Baustoffen bricht Glas allerdings spontan ohne vorherige Verformung oder andere Vorwarnung. Stahl gibt bei Überlastung nach, wird gestreckt, erhöht dabei seine Zug- oder Druckfestigkeit erheblich und versagt erst weit jenseits der

Streckgrenze. Holz knirscht und splittert, bevor es versagt. Glas bricht spontan. Der Sicherheitsabstand zur Bruchgrenze ist deshalb beim Arbeiten mit Glas wichtiger als bei anderen Baustoffen. Bei Konstruktionen mit Glas sind deswegen entsprechende Sicherheitsbeiwerte zu berücksichtigen. Wirksamer als dickeres Glas sind andere Glaswerkstoffe, insbesondere vorgespannte Gläser. Die Weiterentwicklung des Werkstoffs Glas ist in vollem Gange. Hochfeste Gläser, wie heute in portable Telefone eingebaut, werden früher oder später auch am Bau zur Verfügung stehen.

Die hohe Biegezugbelastbarkeit von vorgespannten Gläsern verführt dazu, diese auch an Orten einzusetzen, wo die Gefahr der Zerstörung durch Beschädigung der Oberflächenspannung groß ist. Es mag Spitzbuben auch Spaß machen, eine große Scheibe mit einem kleinen Ritz zu krümeln. Glas ist an der Oberfläche empfindlich. Das gilt in besonderer Weise für die Glaskante. Im Rahmen seiner Eigenschaften wird Glas erfolgreich als Gebäudeabschluss, als Umwehrung, als Gebäudesicherung, als Fußboden und sogar als tragender Baustoff eingesetzt.

4 Sonnenschutz versus Wärmeschutz

Abb. 108: Sonnenschutz und Glas (Architekt Shigeru Ban)

Licht und Wärme können nach der Entdeckung des Physikers Max Planck (Nobelpreis 1918) sowohl als Welle oder als auch als Strahlung beschrieben werden. Strahlung ist Bewegung von Elementarteilchen. Die Abbildung von Licht als Strahl ist geeignet, Brechung und Reflexion bildhaft anschaulich zu beschreiben. Der Lichtstrahl und seine Ablenkung lassen sich als Pfeil zeichnerisch darstellen.

Eine Welle hingegen transportiert im Meer keinen Wassertropfen von einem Ufer zum anderen. Das Bild der Welle beschreibt, wie ein Tropfen den Impuls an den nächsten Tropfen weiter gibt. Die Vorstellung von Wärme als Welle ist geeignet, den Vorgang der Absorption und Transmission von Wärmeenergie durch Bauteile zu beschreiben, wie es auch die Ausbreitung von Schall beschreibt. Die allgemeine Vereinheitlichung der zwei Betrachtungsweisen ist der Physik bisher nicht gelungen. Auf der Ebene der Physik von Baustoffen in der täglichen Umwelt der Menschen bleibt glücklicherweise folgenlos, wenn Begriffe aus der einen und der anderen Denkweise durcheinander verwendet werden.

Transmission

Wenn wir sagen, dass Glas durchsichtig ist, dann sagen wir, dass Glas die sichtbare Strahlung des Lichts durchlässt. Glas ist im optisch sichtbaren Spektralbereich in hohem Maße durchlässig, was sich mit zunehmender Dicke relativiert. Eine 25 mm dicke Glasscheibe kommt einer Sonnenbrille gleich. Eine absturzsichernde Dreifach-Isolierverglasung zum Beispiel hat zusammen mehr als 25 mm Glasdicke. Siehe auch Kapitel 3.8 Schutzverglasung.

Die Mindestwerte der Lichttransmission werden in der Glasnorm DIN EN 572-1 für ein durchsichtiges klares Glas in Abhängigkeit von der Nenndicke des Glases angegeben.

Tab. 22: Mindestwerte der Lichttransmission aus DIN EN 572-1

Glasdicke (mm)	Mindestwert Lichttransmission	Glasdicke (mm)	Mindestwert Lichttransmission
2	0,89	10	0,81
3	0,88	12	0,79
4	0,87	15	0,76
5	0,86	19	0,72
6	0,85	25	0,67
8	0,83		

Außer Licht wird auch Wärme durch Transmission durch Glas – wie durch jeden anderen Baustoff – geleitet. Glas liegt mit einer Wärmeleitfähigkeit von $\lambda = 1$ W/(mK) in der Nähe von Kalkmörtel, Leichtbeton, Klinker, Gussasphalt und Anhydritestrich. Glas leitet Wärme weniger als Metall und mehr als Holz.

Absorption

Für den nicht durch das Glas dringenden Teil des Lichts und nicht reflektierten Teil des Lichts gilt der erste Hauptsatz der Thermodynamik, dass Energie nicht verloren geht, sondern umgewandelt wird. Umgewandelt wird dieser Teil des Lichts in Wärme. Ein Teil der Strahlung wird vom Glas absorbiert. Das Glas wird erwärmt. Wärme bleibt Wärme und wird nicht wieder Licht. Die Abgabe von Strahlungsenergie (Wärme, Licht, Strahlung) beim Durchgang durch einen Stoff, hier eine Glasscheibe, heißt »Absorption«. Durch die Absorption wird die Strahlungsenergie in Wärmeenergie umgewandelt. Sie erwärmt die absorbierende Glasscheibe. Dieser Effekt wird beispielsweise bei einem Gewächshaus genutzt. Die Glasscheibe strahlt die Wärme umgehend nach beiden Seiten in kältere Bereiche ab. Diese Wärmeabgabe wird durch Luftbewegung beeinflusst (Konvektion). Es gelten immer das Gesetz der Erhaltung der Energie, wonach Energie nicht verloren geht, und das Gesetz der Entropie, wonach Erhebungen sich abtragen, um angrenzende Senken zu füllen. Das gilt für die Sanddüne im Wind wie für Temperaturgefälle zwischen Stoffen. Die Glasscheibe gibt die aus der Strahlung aufgenommene Wärme durch Strahlung und durch Konvektion der vorbeiströmenden Luft wieder ab. Wenn Sonnenschutzglas die Sonnenstrahlung nach außen reflektiert und nicht absorbiert, muss es die Wärme nicht wieder abstrahlen. Die Wärmeabstrahlung der Scheibe wird mit dem Emissionsgrad ausgedrückt. »Low e«-Glas absorbiert wenig Wärme, strahlt deshalb wenig Wärme nach innen ab und schützt damit Räume vor Überhitzung.

Reflexion

Die Oberfläche von Glas reflektiert einen Teil der Strahlung. Bei senkrechter Einstrahlung werden vom sichtbaren Licht etwa 8 % reflektiert. Die Reflexionseigenschaften von Glas lassen sich durch Beschichtungen verändern. Der Einwegspiegel im polizeilichen Vernehmungsraum erhöht die Reflexion durch Beschichtung der Oberfläche. Beim Spiegel reflektiert die silbern glänzende Rückseite alles Licht, die Transparenz wird ganz ausgeschlossen. Nach außen gebogene Verglasung mindert Reflexion, ohne Ausblick und Lichteinfall zu mindern. Das war bei Omnibussen lange verbreitet und ist inzwischen aus der Mode gekommen.

Ultraviolettes Licht oberhalb der sichtbaren Strahlung wird von Glas nahezu vollständig reflektiert. Darauf beruhen zum Teil das Prinzip der Sonnenbrille und zum Teil die Wirkung von Glas als Sonnenschutz. Sonnenschutzglas unterscheidet Strahlen, reflektiert Wärmestrahlung unterhalb der sichtbaren Strahlung und lässt das sichtbare Licht zu einem höheren Prozentsatz durch als die Wärmestrahlung. Glas, das Wärme reflektiert und nicht absorbiert, heißt deshalb auch »Heat-Mirror«.

Brechung

Licht wird an der Glas-Oberfläche, am Wechsel von Luft zu Glas, gebrochen. Die Brechung an der Oberfläche ändert die Richtung der Strahlung beim Übergang von dem dünneren Medium

Luft in das dichtere Medium Glas. Wer im Wasser eine Forelle fangen will, greift wegen der Brechung an der Wasseroberfläche daneben. Darauf beruhen die Linse, die Brille und die Lupe. Die Brechung erfolgt in Abhängigkeit von der Wellenlänge. Dadurch wird weißes Licht in die Farben des Regenbogens zerlegt. Weißes Licht ist aus allen Farben des Regenbogens zusammengesetzt. Die Brechung lenkt die einzelnen Farben bzw. Wellenlängen von Licht und auch Wärme verschieden stark ab. Strahlung verschiedener Wellenlänge verhält sich an der Glasoberfläche verschieden. Dadurch ist Glas für Strahlung unterschiedlicher Wellenlänge verschieden durchlässig. Im infraroten Wärmebereich findet Absorption (das heißt Erwärmung des Glases) statt. Kurzwellige ultraviolette Strahlung wird von Silikatgläsern reflektiert.

Beugung

Licht wird an der Oberfläche von Glas gebeugt. Fällt Licht durch ein Fenster, projiziert es nicht nur einen rechteckigen hellen Fleck auf den Teppich, sondern erhellt den ganzen Raum. Ein Teil des Strahlungsdurchgangs ist diffus und ungerichtet. Der Effekt ist durch Oberflächenbehandlung zu beeinflussen. Diffuses Licht spiegelt nicht. Reflexionsarmes Glas erlaubt eine gute Durchsicht auch vom Hellen ins Dunkle. Die Glasoberfläche wird chemisch aufgeraut oder beschichtet, wodurch eine leichte Mattierung entsteht. Durch Bilderrahmen mit reflexionsarmem Glas kann man die Kunstwerke aus allen Richtungen blendfrei betrachten, aber sie sehen aus allen Richtungen aus wie matte Reproduktionen ihrer selbst.

Gesamtdurchlass

Licht und Wärme werden an der Oberfläche von Glas durchgelassen (transmittiert einschließlich gebrochen und gebeugt) oder in Wärme umgewandelt (absorbiert) oder drittens reflektiert. Die Summe aus Transmissionsgrad, Absorptionsgrad und Reflexionsgrad ist 1. Die Summe bleibt konstant. Mehr Reflexion ist weniger Transmission und Absorption.

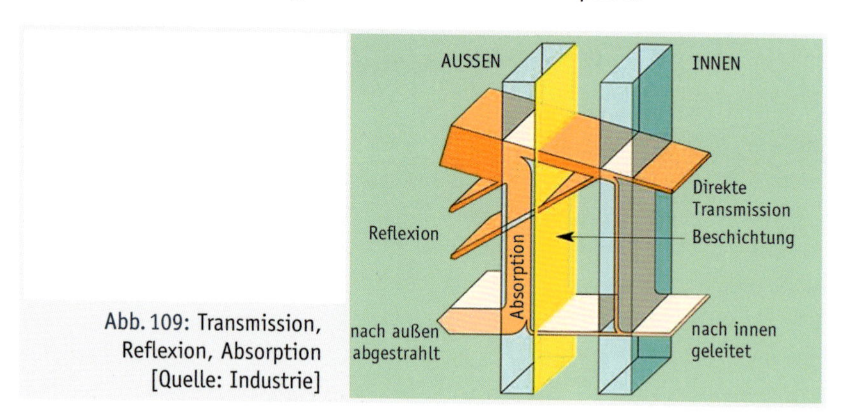

Abb. 109: Transmission, Reflexion, Absorption [Quelle: Industrie]

Der Anteil der gesamten Strahlungsenergie, der insgesamt als Summe von direkter Strahlung und der indirekten Wärmeabgabe durch Absorption, Strahlung und Konvektion durch die

Scheibe gelangt, also nicht reflektiert wird, wird als g-Wert bezeichnet. Der g-Wert ist ein Faktor, 1 bedeutet 100 % der einstrahlenden Energie. Ein hoher Gesamtenergiedurchlass ermöglicht hohe passiv-solare Wärmegewinne. Ein niedriger Gesamtenergiedurchlass entlastet den sommerlichen Wärmeschutz. Abb. 109 zeigt ein Sonnenschutzglas mit der Beschichtung im Scheibenzwischenraum auf der Innenseite der Außenscheibe (genannt Position 2). Bei Wärmeschutzglas ist die Beschichtung entsprechend der andersgearteten Zielformulierung im Scheibenzwischenraum auf der Innenscheibe (genannt Position 3).

4.1 Wärmeschutz

Wenn eine Seite wärmer ist als die andere, findet ein Wärmedurchgang als Transmission von der warmen zur kalten Seite statt. Der Wärmedurchgang durch das Glas beschreibt die thermischen Effekte nur teilweise. Der Wärmdurchlasskoeffizient U-Wert berücksichtigt zusätzlich den Wärmeübergangswiderstand der angrenzenden Luftschicht. Dieser Übergangswiderstand ist deutlich von der Geschwindigkeit der Luftbewegung abhängig, wie jeder Mensch auf seiner Haut spürt. Gefühlt ist Wind kälter, als das Thermometer anzeigt. Wenn Luft außen mehr von Wind bewegt wird als innen, wird innen ein größerer Übergangswiderstand angesetzt als außen. Bei einer einzelnen Glasscheibe besteht der U-Wert größtenteils aus diesen Übergangswiderständen.

Für eine einfache 6 mm dicke Glasscheibe setzt sich der Wärmedurchlasswiderstand aus Übergangswiderstand außen, Wärmedurchgangswiderstand Glas und Wärmeübergangswiderstand innen zusammen. Der U-Wert ist der Kehrwert des Wärmedurchlasswiderstands. Zum U-Wert zwischen 5 und 6 W/(m^{2}K) einer Einfachverglasung leistet das Glas selbst nur einen geringen Beitrag. Bessere Werte werden mit Isolierverglasung aus mehreren Scheiben, mit Beschichtungen der Gläser und mit anderen Füllungen des Scheibenzwischenraums als Luft erreicht.

Die Energiesparverordnungen der Vergangenheit haben den Fortschritt der Verglasungstechnik in Recht umgesetzt und stetige Verbesserungen angeregt.

Hinweis: Gleiches Isolierglas hat als Horizontalverglasung einen anderen U-Wert denn als Vertikalverglasung. Ursache ist die Konvektion im Scheibenzwischenraum. Die Glashersteller nennen in ihren Produktinformationen die entsprechenden Korrektur-Werte.

Entwicklung der EnEV

Von der Einfachverglasung mit einem U-Wert über 5 bis zur Dreifach-Isolierverglasung beträgt die Verbesserung der Dämmung etwa den Faktor 10.

Die Wärmeschutzverordnung der 70er- und 80er-Jahre verlangte Isolierglas oder Doppelverglasung mit einem Wärmedurchgangskoeffizienten (damals noch k-Wert) von maximal 3,1 W/(m^{2}K). Für großflächige Verglasungen wie Schaufenster gab es die Regelung, von den 3,1 W/(m^{2}K) nach oben abweichen und dafür im Wärmeschutznachweis einen kleineren

Wert, nämlich 1,75 W/(m²K) einsetzen zu dürfen. Heizkörper vor Verglasungen mussten eine Abdeckung haben.

Ab der Wärmeschutzverordnung 1995 wurden bei der Ermittlung des Wärmedurchgangs solare Wärme-Gewinne von Fensterflächen mit Werten von 2,4 bis 0,95 W/(m²K) berücksichtigt. Mit dieser Berücksichtigung der solaren Gewinne konnten die Gläser der 70er und 80er-Jahre weiter zulässig bleiben. Abweichend davon musste der Wärmedurchgangskoeffizient von Fensterflächen vor Heizkörpern einen k-Wert von höchstens 1,5 W/(m²K) aufweisen. Das war mit den inzwischen am Markt verbreiteten beschichteten Gläsern mit Gasfüllung im Scheibenzwischenraum mit einem k-Wert von ungefähr 1,1 W/(m²K) bis 0,7 W/(m²K) zusammen mit den handelsüblichen Rahmenmaterialien, ohne erheblichen Mehraufwand zu erreichen.

Mit den Energieeinsparverordnungen kamen ab 2004 neue Bezeichnungen (U-Wert statt k-Wert) und neue Nachweisverfahren. Neu war, dass Energiekennwerte der Gebäudehülle und der Gebäudetechnik nun gegeneinander angerechnet werden konnten. Erhebliche Energieeinsparungen wurden mit moderner Heiztechnik und unveränderter Gebäudehülle möglich. Gebäude konnten in mehrere Klimazonen unterteilt werden, wobei insbesondere verschiedene Glasflächenanteile berücksichtigt werden konnten. Gemeint waren mit Klimazonen nicht zuletzt beheizte Wintergärten. Die zu berücksichtigenden solaren Gewinne von Fenstern wurden mit 100 bis 270 kWh/(m² × a) neu definiert. Die neue Maßeinheit konnte man nicht einfach von der Transmission abziehen. Ab hier konnte man die Energiebilanz nur noch mit dem Rechner erstellen und nicht mehr Wärmegewinne von Hand von den Wärmeverlusten abziehen. Im Ergebnis der EnEV sind spätestens ab jetzt Fenster nicht mehr die Energielöcher der Fassade, sondern höchst differenzierte Beiträge zur Energiebilanz. Beim Isolierglas sind mit der EnEV 2004 die Beschichtung der Verglasung und die Gasfüllung im Scheibenzwischenraum zum allgemeinen Wärmedämm-Standard geworden. Gleichzeitig entfiel die Forderung, Fensterflächen vor Heizkörpern mit besserer Wärmedämmung auszustatten als andere Fensterflächen.

2007 wurde für Nichtwohngebäude das Referenzgebäude anstelle des bisher gültigen Verhältnisses von Hüllfläche zu Volumen zur Basis der Energiesparnachweise erhoben. Das Referenzgebäude ist ein Gebäude der geplanten Gebäudegeometrie mir normierten Bauteilen. Im Bilanzverfahren kann dann wie bisher ein Bauteil zulasten eines anderen Bauteils verbessert werden oder umgekehrt. Die Fenster im Referenzgebäude haben gar keinen ausgewiesenen U-Wert, sondern einen Fensterflächenanteil, einen g-Wert von 0,65 und einen Lichttransmissionsgrad der Verglasung von 0,78. Die Zahlen beziehen sich auf Zweischeiben-Isolierglas. Für andere Glasarten bestehen andere Zahlen. Die Zahlen zu g-Wert und Lichttransmission bedeuten, dass das Glas mehr Licht als Wärme durchlassen muss. Der geringe Abstand der Zahlen zeigt, dass das zuvor nicht selbstverständlich war. Die Anforderungen an Glasfassaden, an Fensterbänder, Oberlichter und Lichtkuppeln bleiben weiterhin laxer als jene für Fenster. Das Anforderungsniveau an Fenster ist immer noch mit den beschichteten Gläsern von 1995 zu erfüllen.

2009 wird das Referenzgebäude auch für Wohngebäude zum Maßstab der Energieeinsparung. Die zulässigen Wärmedurchgangskoeffizienten der Bauteile des Referenzgebäudes werden etwas abgesenkt. Im Referenzgebäude 2009 kehrt der U-Wert wieder. Fensterflächen werden mit einem U-Wert von 1,30 W/(m^2 × K) und einem Gesamtenergiedurchlassgrad der Verglasung von g = 0,60 im Referenzgebäude berücksichtigt. Der U-Wert wurde seit 1995 nur geringfügig erhöht. Das Anforderungsniveau an Fenster ist immer noch mit den beschichteten Gläsern von 1995 zu erfüllen. Dreifachverglasungen werden zusammen mit einer Förderung attraktiv, die eine deutliche Unterschreitung der EnEV-Werte zur Bedingung macht. Mit Wahl der richtigen Verglasung und geeigneter Haustechnik konnten Bauherren in jeder der beschriebenen Regelungsphasen bereits die Werte der nächsten – noch nicht erlassenen – Regelung erreichen und damit Fördergelder einwerben.

Mit der EnEV 2014 wird die europäische Richtlinie zum Nullenergiehaus noch nicht in deutsche Regeln umgesetzt. Der zulässige Energieverbrauch des Referenzgebäudes wird um den Faktor 0,875 abgesenkt. Der Vollzug der EnEV wird durch verpflichtende Erklärungen, Verbindlichkeit der Energieausweise, Strafandrohung bei Ordnungswidrigkeiten und Pflichtangaben in Immobilienanzeigen verbessert. Das Gewicht der Gebäudetechnik steigt weiter.

Mit der seit 2016 geltenden zweiten Stufe der EnEV 2014 wird Dreifach-Isolierverglasung mit U-Werten für die Verglasung um 0,5 W/(m^2K) zum Standard im allgemeinen Baugeschehen.

Die Vakuumdämmung im Scheibenzwischenraum ermöglicht weitere deutliche Verbesserungen. Kleine Stifte zwischen den Scheiben verhindern, dass das leere Isolierglas unter dem atmosphärischen Druck kollabiert.

Das Gebäudeenergiegesetz (GEG) 2020 ist am 13.08.2020 in Kraft getreten und gilt für Bauvorhaben ab 01.11.2020. Energieeinsparung und Erneuerbare Energie werden in einem Regelwerk und in einem Nachweisverfahren zusammengefasst. Die neuen Regeln begrenzen den globalen Energieeinsatz des Gebäudes und fordern von Einzelbauteilen nicht viel mehr als die Wärmeschutzwerte zur Schimmelvermeidung nach der Wärmeschutz-DIN 4108. Das eröffnet große Planungsspielräume und verpflichtet gleichzeitig diese zu nutzen. Darin gewinnen Fenster und Verglasungen zunehmend Gewicht.

Die Fortschreibung der Energiesparanforderungen in kurzen Abständen ist ein ehrgeiziges und ehrenwertes Umweltziel. Die Praxis leidet aber darunter, dass in ebenso kurzen Abständen das Nachweisverfahren grundsätzlich geändert wird. Der Nachweis 1995 passte als Excel-Sheet noch auf eine DIN A4-Seite. Heute ist nichts mehr mit gesundem Menschenverstand im Kopf zu überschlagen. Der Nachweis ist nur noch mit dem Rechner möglich. Berechnungen verschiedener Jahrgänge sind nicht unmittelbar vergleichbar. Instandhaltungen und Modernisierungen können nicht als Varianten der Datensätze der Ursprungsplanung untersucht werden.

Bei den angegebenen Werten ist zu unterscheiden zwischen U_g und U_f für Fenster bzw. dessen Teile (g = englisch glass, f = englisch frame, w = englisch window). Die Unterscheidung wird dadurch nicht einfacher, dass das kleine »f« vor wenigen Jahren noch für das deutsche Fenster stand (nicht mehr U_f für Fenster).

Der Wärmedurchgangswiderstand des Isolierglases ist in der Regel besser als der des Randverbunds und der des Rahmens. Um den Nachteil zu mindern, wird der Randverbund aus Kunststoff statt Metall und aus Edelstahl statt Aluminium angeboten, die sogenannte Warme Kante. Die Wärmeleitfähigkeit von Aluminium beträgt 160 W/mK, diejenige von Edelstahl 12 bis 30 W/mK und diejenige von Kunststoffen 0,20 bis 0,30 W/mK (Werte nach DIN EN ISO 10456). Das energetisch ehrgeizige Passivhaus pflegt größere Glaseinstände. Besser gedämmte Rahmen werden in der Regel dicker. Damit wird der Rahmenanteil im Verhältnis zum Glas größer, was einen Teil der Verbesserung wieder auffrisst. Kein Wunder, dass bei sehr großen Scheiben und sehr schmalen Rahmen die Wärmebrücke »Rahmen« ihren Schrecken verliert. Sehr schmale Rahmen, sogar aus Aluminium ohne thermische Trennung, erreichen bei riesigen Verglasungen hervorragende Wärmedurchlasswiderstände.

Der U-Wert des Fensters war nach der Wärmeschutzverordnung nach einer Tabelle der damaligen Fassung der Wärmeschutznorm DIN 4108 aus dem (damals) k-Wert der Verglasung und der Rahmenmaterialgruppe (von 1 bis 3) abzulesen. Dieser Wert hat kleine Fenster mit großem Rahmenanteil begünstigt und große Fenster mit kleinem Rahmenanteil benachteiligt. Also wird wieder der Rechner angeworfen. Wiederum musste die unmittelbare Verständlichkeit der Genauigkeit geopfert werden.

Die in den verschiedenen Jahrgängen der EnEV berücksichtigten solaren Wärmegewinne nutzen direkten Wärmedurchgang durch Strahlung und indirekte Gewinne durch Wärmeabsorption des Glases für die Raumheizung. Das Gewächshaus gab diesem Effekt seinen Namen, wo die Wärmestrahlung in den grünen Pflanzen biologische Prozesse fördert. Floatglas reflektiert sichtbares Licht zu etwa 10 % und Wärmestrahlung zu etwa 20 %. Die EnEV 2007 hat, wie oben dargestellt, verlangt, diesen Abstand von 10 % auf 13 % zu erhöhen. 30 % Verbesserung sind der übliche Schritt einer jeden EnEV-Fortschreibung.

Der Wärmegewinn wird bei Wärmeschutzglas – im Gegensatz zu Sonnenschutzglas – benutzt, um im Winter durch solare Wärmegewinne einen Teil der Transmissionswärmeverluste des Fensters zu kompensieren. Damit erreichen die Gesamtenergiedurchgänge durch Mehrfachverglasungen insgesamt den Wärmedurchgangswiderstand von massiven und gedämmten Wänden. Im Wohnungsbau ist der Wärmegewinn im Winter erwünscht. Dazu gehört Glas, das im Winter solare Strahlungsgewinne hereinlässt und Wärmetransmission von innen nach außen bremst. Bei den im Wohnungsbau bisher üblichen Fensterflächen überwiegt das Interesse am Wärmegewinn im Winter die Sorge um den Sonnenschutz im Sommer. Bei maßvollen Fenstergrößen ist der sommerliche Wärmeschutz zusammen mit dem in der Regel erwünschten Sichtschutz bei Nacht realistisch ausführbar. Das sieht im Büro anders aus. Auch im Wohnungsbau kommen großflächige Verglasungen wie in Büros mehr und mehr in Mode. Fenstergrößen an der Untergrenze der nach Landesbauordnung erforderlichen Mindestbelichtung von 10 % der Grundfläche prägen ganz offensichtlich nicht das heutige Baugeschehen. Je größer die Glasflächen, desto wichtiger der Sonnenschutz im Sommer.

Energiesparen nach Klimaschutzzielen macht das Bauen aufwendiger und wird sich im Gegensatz zu vergangenen Brennstoffeinsparungen nicht auf Heller und Pfennig auszahlen. Mit steigenden Kosten steigt auch die Bereitschaft zu streiten, wenn der tatsächliche Energieverbrauch die im Energieeinsparnachweis berechneten Angaben überschreitet. Dabei fallen die Nachweisverfahren verschiedener Stichtage stark ins Gewicht. Nach welcher Regel sollen die solaren Gewinne berechnet werden, nach der Regel zur Zeit der Bauerstellung oder nach der aktuellen Regel? Darf ein nach Wärmeschutzverordnung erstelltes Gebäude mit einem Kollektor ertüchtigt werden, der damals noch nicht anrechenbar war, aber Monate später angerechnet werden musste? Ist bei einem Passivhaus wirklich der elektrisch betriebene Ventilator eine im Passivhausprogramm enthaltene passive Energienutzung und der thermische Sonnenkollektor eine im Passivhausprogramm nicht enthaltene aktive Energienutzung? Ist der U-Wert des offenstehenden kleinen WC-Fensters wirklich so wichtig? Kann fehlende Wärmedämmung unter der Bodenplatte mit einem modern verglasten Fenster an der Sonnenseite ausgeglichen werden? Kann der Beschwerdeführer verlangen, sein ganzes Haus auf Kosten anderer mit Dreifachverglasung zu versehen, oder darf die Energiebilanz mit einem zusätzlichen Kollektor ausgeglichen werden? Der Sachverständige vor Gericht hat die Aufgabe, Maß und Gewicht einzelner Sollabweichungen im Gesamtrahmen des Energieeinsatzes angemessen darzustellen. Jedes Gericht ist jedoch so frei, die Fragen neu zu beantworten bis Gesetze oder höchstrichterliche Urteile den Spielraum eingrenzen. Wie die rechtlichen Fragen auch entschieden werden mögen, wird die Verglasung in der Energiebilanz immer eine wesentliche Rolle spielen.

4.2 Sonnenschutz

»Wenn jemand behauptet, er könne mit Glas Sonnenschutz herstellen, dann fragen Sie Ihren Gärtner.« So begann ein großartiger Vortrag von Werner Eicke-Hennig, Institut Wohnen und Umwelt Darmstadt, bei den Aachener Bausachverständigentagen 2007. Er berichtete über eine nachträgliche empirische Überprüfung des sommerlichen Wärmeschutzes von Bürogebäuden mit großzügig verglasten Fassaden. Die Untersuchung umfasste alle gängigen Architekturpreise und genau die Gebäude, die in jener Zeit die Titelseiten der Architekturzeitschriften schmückten. Das Ergebnis war, dass geeignete Verglasung zwar einen Beitrag zum Sonnenschutz leistet, dass aber Glas nicht kühlt, auch nicht in doppelter und dreifacher Anordnung. Die Grafik unten zeigt vereinfacht den Durchgang von Licht und Wärme durch verschiedene Glastypen als Einzelscheibe. Wo viel Licht durchgeht, geht auch Wärme durch. Dem unterschiedlichen Durchgang von Licht und Wärme (Selektivität) sind physikalische Grenzen gesetzt.

Bei großzügig verglasten Gebäuden – bisher hauptsächlich Nichtwohngebäuden – überwiegt das Interesse am Sonnenschutz im Sommer den Stellenwert des Energiegewinns im Winter. Die internen Energiegewinne aus Menschen und Bürogeräten übernehmen einen guten Teil der Heizlast im Winter und erhöhen die Kühllast im Sommer. Die verringerte Lichtdurchlässigkeit von Sonnenschutzglas muss durch größere Fenster ausgeglichen werden. Der im Wohnungsbau erwünschte winterliche Wärmegewinn tritt bei großzügig verglasten Bürobauten hinter dem erforderlichen sommerlichen Wärmeschutz zurück.

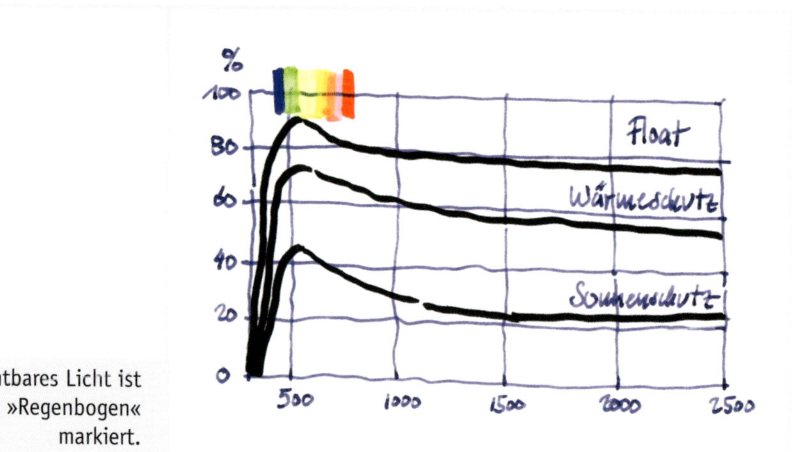

Abb. 110: Sichtbares Licht ist farbig mit dem »Regenbogen« markiert.

Mehrfachverglasungen ermöglichen komplexe Optimierungen der angestrebten Eigenschaften. Dabei werden die Reflexionen auf der Außenseite der Außenscheibe, auf der Beschichtung auf der Innenseite der Außenscheibe, auf der Mittelscheibe usw., kurz auf Ebene 1 oder 2 oder 3 oder 4 usw. gezielt kombiniert. Die geringere Lichtdurchlässigkeit von Sonnenschutzglas muss durch größere Fenster ausgeglichen werden. Der Blick in gängige Glaskataloge zeigt beim Sonnenschutzglas für den Nichtwohnungsbau einen insgesamt geringeren Gesamtenergiedurchgang durch stärkere Reflexion.

Tab. 23: Werte von Wärme-und Sonnenschutzverglasung im Vergleich

	Wärmeschutzverglasung	Sonnenschutzverglasung
U-Wert	0,5 bis 1,1 W/(m² × K)	0,6 bis 1,2 W/(m² × K)
Lichtdurchlässigkeit	55 % bis 80 %	45 % bis 70 %
Lichtreflexion nach außen	8 % bis 23 %	12 % bis 30 %
Gesamtenergiedurchlässigkeit	ca. 40 % bis 60 %	20 % bis 40 %
Selektivität	1,3 bis 1,5	1,75 bis 2,5

Sonnenschutz und Selektivität

Moderne Gebäude mit großflächiger Verglasung verbrauchen im Sommer mehr Energie zum Kühlen als im Winter zum Heizen. Dazu trägt die Geometrie großer und tiefer Gebäude (Großraumbüros, Geschäftshäuser) bei, deren großem Bauvolumen eine geringe Außenfläche für den Wärmeaustausch mit der Umgebung gegenübersteht. Künstliche Beleuchtung und elektrische Geräte tun das ihre dazu. Neue Beleuchtungstechniken und bessere Flachbildschirme reduzieren zwar die Kühllast. Dennoch braucht ein großes Kaufhaus überhaupt nur am Montagmorgen ein bisschen Heizung und erzeugt den Rest der Woche über auch im Winter Wärmeüberschüsse. Bei dieser Art von Gebäuden ist der sogenannte Gewächshauseffekt ausgesprochen unerwünscht.

Gewünscht ist Licht ohne Wärmegewinn. Bei den ersten Versuchen mit Sonnenschutzgläsern konnte die Wärmeenergiedurchlässigkeit erheblich gemindert werden, wobei aber die Lichtdurchlässigkeit noch mehr gemindert wurde. Dieser Nachteil ist überwunden. Geblieben ist die Unterscheidung von Wärmeschutz- und Sonnenschutzgläsern nach der Selektivität. Die Aufgabe besteht darin, dass Wärmeschutz und Sonnenschutz in höherem Maße gesteigert werden als die Lichtdurchlässigkeit abnimmt. Das Verhältnis aus Lichtdurchlässigkeit und Gesamtenergiedurchlässigkeit wird als Selektivität bezeichnet. Der Wert größer als 1 kennzeichnet Sonnenschutzglas. Vor gar nicht langer Zeit galt ein Wert von 2 als Schallmauer. Werte deutlich über 2 sind heute am Markt. Der Ehrgeiz der Glasindustrie wird an diesem Wert nicht Halt machen.

Die Einstellung der Gläser für geplante Eigenschaften in immer vielfältigeren Kombinationsmöglichkeiten erfolgt durch Glasrezeptur, Kombination verschiedener Glasrezepturen, Oberflächenbeschichtung der Gläser und Gasfüllung der Scheibenzwischenräume von Mehrfachverglasungen. Die Vielfalt der Gläser, die lieferbaren Eigenschaftskombinationen und sich gegenseitig ausschließenden Eigenschaften werden von den Glasanbietern in kurzen Intervallen veröffentlicht. Ein Buch würde schnell veralten, wollte es solche Tabellen wiedergeben.

Der Interessengegensatz zwischen Licht hereinlassen und Wärme draußen lassen führt dazu, Teile der Wandöffnungen gezielt mit lichtlenkenden Reflektoren zu versehen. Damit kann zwischen hoch und tief stehender Sonne unterschieden werden. Kleine Fensterflächen können die Tiefe des Raums ausleuchten. Trotz Sonnenschutz kann der Ausblick aus dem Fenster erhalten werden. Angewendet werden prismenförmige Reflektoren im Scheibenzwischenraum.

Sonnenschutz in geschützter Lage

An wenigen sehr heißen Tagen im Jahr kommt Wind auf, ein Gewitter kündigt sich an, es ist drückend heiß. Die Jalousie rollt sich automatisch oder von Hand auf, wenn sie nicht zerfetzt werden soll. Geschützt zwischen Glasscheiben angebrachter Sonnenschutz ist weit davon entfernt, Allgemeingut zu sein. Geschützt innen liegender Sonnenschutz hilft nur wenig.

Die Jalousie ist die einfachste Form eines temporären Sonnenschutzes. Der Sonnenschutz per Jalousie versagt, wenn einer die Jalousie manuell öffnet, bevor er in die Mittagspause verschwindet. Die Räume können dann im Sommer heiß werden, bis sie unbenutzbar sind. Räume können im Sommer nachts nur auskühlen, wenn jemand nach Sonnenuntergang Fenster aufmacht und sie morgens vor Sonnenaufgang wieder zumacht.

Der mechanisch betätigte Sonnenschutz mindert neben dem Wärmeeintrag auch die natürliche Belichtung. Elektrische Beleuchtung am hellen Tage ist jedem schon unangenehm aufgefallen. Die verbleibende Sichtbeziehung nach außen ist nicht nur ein netter Wunsch, sondern eine zwingende Forderung des Arbeitsschutzes. Der mechanisch betätigte Sonnenschutz stößt an natürliche Grenzen.

Mehrlagige Fassaden mit einer isolierverglasten Innenfassade und einer vorgestellten Verglasung für Schallschutz trennen thermische Hülle und Außenhülle. Mehrlagige Fassaden führen das Kastenfenster mit neuzeitlichen Mitteln fort. Im Zwischenraum hängt geschützt der bewegliche Sonnenschutz, hängt immerhin außen vor der thermischen Gebäudehülle und ist zugleich windgeschützt in der Doppelfassade. Aber der Zwischenraum der Doppelfassade ist immer noch durch den Gewächshauseffekt wärmer als die Außenluft. Die Wärme kann im Winter tagsüber in die genutzten Räume hineingelüftet werden, im Sommer müssen Öffnungen überschüssige Wärme nachts nach außen abführen. Jede Öffnung lässt gleichzeitig Außenlärm in den Fassadenzwischenraum. Viel Regelungstechnik überlagert den einfachen Wunsch nach individueller Fensterlüftung. Eine thermische Kaminwirkung im Fassadenzwischenraum durch viele Geschosse würde Wärme besser ableiten, würde aber im Falle eines Feuers auch den Brand und den Rauch von Etage zu Etage ausbreiten. Die Feuerwehr kann nicht anleitern. So zwingt Brandschutz, die Doppelfassade geschossweise abzuschotten oder aber anders gegen Feuer zu schützen.

Zum Beispiel zirkuliert die Lüftung karussellartig im Fassadenzwischenraum auf einer Ebene. Die Fassade wird zur Maschine. Kein Fenster geht ganz auf. Diese Lösung bleibt lärmgeplagten an stark befahrenen Straßen und sturmumtosten Fassaden in großen Höhen aufwendiger Bürobauten vorbehalten.

Wirksamer Sonnenschutz muss an Tag und Nacht sowie an sonnige und schattige Tage angepasst werden. Hier wird zunehmend menschliche Betätigung durch Apparate ersetzt. Temporärer Sonnenschutz empfiehlt sich für eine automatisierte Gebäudetechnik, die individuelle Eingriffe aufhebt (die Jalousie selbsttätig öffnet und schließt) und verbessert (nachts lüftet). Das heißt, dass die individuelle Regelmöglichkeit in bestimmten Intervallen von der Technikzentrale überschrieben wird.

Temporärer Sonnen- und Wärmeschutz

Der Mensch möchte gerne individuell lüften, seine Heizung regeln, seinen Sonnenschutz regeln. Ihm das zu verwehren ist in mitteleuropäischem Klima im Frühjahr und Herbst, an manchem verregneten Sommertag und an manchem milden Wintertag eine unverständliche Härte. Dennoch ist eine Beschränkung der individuellen Regelung im heißen Sommer im Interesse des Arbeitsklimas und im kalten Winter im Interesse der Heizenergieeinsparung angezeigt. Wünschenswert sind Systeme, die dezentrale Eingriffe und zentrale Steuerung kombinieren.

Die Schere zwischen dem Wunsch nach viel Licht und wenig Wärmeeinstrahlung löst ein außen angebrachter Sonnenschutz, ein Lieblingsthema der modernen Architektur seit den 20er-Jahren des 20. Jahrhunderts. Allerdings sollte an trüben Tagen die großzügige Verglasung unverschattet bleiben, der Sonnenschutz also verschwinden.

Ganz offensichtlich sind die Anforderungen im Sommer und im Winter sowie am Tage und in der Nacht so verschieden, dass veränderbare Eigenschaften ein wesentlicher Schritt zu ihrer Erfüllung sind.

In Zukunft mögen schaltbare Gläser unterschiedliche Eigenschaften annehmen.

So führt das alles zusammen zu dem Wunsch, das Glaspaket selbst möge doch bei trübem Wetter alles Licht hereinlassen und bei Sonnenschein verdunkeln. Die Colormatic-Brille verdunkelt bei Licht (phototrop) aber wird auch bei Temperatur dunkel (thermotrop), allerdings zunächst bei Kälte und nicht bei Wärme. Das war leider nur für die Skibrille die richtige Richtung der Schaltung. Abhilfe versprechen Gläser, die sich bei Anlage elektrischer Spannung einfärben bzw. aufhellen (elektrochrom) wie das Flüssigkristall-Display auf dem Handy: temporär variabler Sonnenschutz ohne bewegliche Teile. Der nächste Schritt ist Glas, welches aus dem Sonnenlicht die elektrische Energie für die elektrochrome Schaltung gewinnt (photoelektrochrom). Damit schaltet die Sonne den Sonnenschutz an und aus. Lichtlenkende Elemente im Scheibenzwischenraum halten die natürliche Belichtung bei aktiviertem Sonnenschutz aufrecht.

Wenn der sommerliche Sonnenschutz anders nicht erreicht werden kann, muss gekühlt werden. Das bedeutet zwar nicht mehr unbedingt die luftgeführte Klimaanlage wie in alten amerikanischen Filmen. Mit Kühlsegeln und Bauteiltemperierung werden bevorzugt Lüftung und Kühlung voneinander getrennt, wie auch Heizung und Lüftung in der Regel getrennt bewerkstelligt werden. Das ändert aber nichts daran, dass der sommerliche Energiebedarf die winterlichen Solargewinne bei manchen Gebäuden übertrifft und zum bestimmenden Faktor für den gesamten Energiebedarf wird.

Recht

Die immer komplexer werdende Planung muss auch berücksichtigen, dass ein Gebäude durch seine Nachbarschaft teilweise verschattet wird, dass bei geschlossenem Sonnenschutz wiederum Licht brennt, dass die architektonisch gewollte Transparenz durch den beweglichen Sonnenschutz verloren geht, dass alle Technik gewartet werden muss, dass der Abstand zwischen Sonnenschutz und Verglasung Auswirkungen auf Lärmschutz und Brandschutz, Rettung und Instandhaltung haben kann. Und jede dieser technischen Eigenschaften kann jemand vor Gericht einklagen. War die Überhitzung von Büroarbeitsplätzen früher schlicht lästig, ist sie heute samt Energiebedarf für Lüftung, Kühlung und Beleuchtung im Arbeitsrecht geregelt und folglich vor Gericht erstreitbar.

Der Arbeitsschutz erkämpft seit Jahren Vorschriften und Rechtsprechung, die feste Temperaturobergrenzen setzen. So war ewig umstritten, ob die Raumtemperatur maximal 26 °C (Arbeitsstättenrichtlinie) oder maximal 27 °C bei einer mittleren monatlichen Außentemperatur von 18 °C (DIN 4108) sein darf. Nicht das eine Grad macht den Unterschied, sondern der Unterschied zwischen einer absoluten Grenze und einem Bezug zur Außentemperatur. Im Zuge der Klimaerwärmung wird die Frage immer wieder auf den Tisch kommen. Da auch die Arbeitsstättenrichtlinie die generelle Einführung von Klimaanlagen nicht gutheißt, hat sich der

Bezug zur Außentemperatur durchgesetzt. Derartige Regeln zum sommerlichen Wärmeschutz enthält die Wärmeschutznorm DIN 4108 seit 1981. Die Anforderungen der DIN 4108-2 an den sommerlichen Wärmeschutz gehören heute samt der elektrischen Beleuchtung bei zu dichtem Sonnenschutz zum öffentlich-rechtlichen Pflichtenkatalog der Energieeinsparverordnung (EnEV).

Weil solarer Wärmegewinn im Winter höchst erwünscht ist, muss sein Übermaß im Sommer begrenzt werden. Einzelheiten regelt die Eingeführte technische Baubestimmung DIN 4108 aus dem Februar 2013 – Wärmeschutz und Energie-Einsparung in Gebäuden – Teil 2: Mindestanforderungen an den Wärmeschutz.

Die Norm sagt aus, dass bei Gebäuden mit Wohnungen oder Einzelbüros und Gebäuden mit vergleichbarer Nutzung im Regelfall Anlagen zur Raumluftkonditionierung bei geeigneten baulichen und planerischen Maßnahmen entbehrlich sind. Der Nachweis des sommerlichen Wärmeschutzes ist mindestens für den Raum zu führen, der im Rahmen des Anwendungsbereichs zu den höchsten Anforderungen des sommerlichen Wärmeschutzes führt.

In Wohnungen wird das in der Mehrzahl aller Fälle der Wohnraum sein. Wenn der Raum, der zu den höchsten Anforderungen führt, weniger Fensterfläche als 35 % der Grundfläche hat, und seine Fenster in allen besonnten Himmelsrichtungen (außer Nord) mit außen liegendem Sonnenschutz mit einem Abminderungsfaktor $F_C \leq 0{,}30$ bei Glas mit $g > 0{,}40$ bzw. $F_C \leq 0{,}35$ bei Glas mit $g \leq 0{,}40$ (siehe DIN 4108-2 Tabelle 7) ausgestattet sind, kann auf einen Nachweis verzichtet werden. Solche Sonnenschutzeinrichtungen sind Sonnenschutzgläser, auskragende Dächer und Balkone, Fensterläden und Rollladen, Jalousien und Raffstores, Markisen und Lamellen. Damit sind zahlreiche Wohngebäude und Gebäudeteile zur Wohnnutzung nachweisfrei.

Ein Nachweis ist nach Tabelle 6 derselben Norm ausdrücklich nicht erforderlich für Räume mit einem Verglasungsanteil, der unterhalb der Mindestfenstergrößen für Aufenthaltsräume nach den Landesbauordnungen liegt. Als wesentlichen Beitrag zur Deregulierung im Bauwesen verzichtet der Staat auf eine Regelung zum sommerlichen Wärmeschutz von WC-Räumen.

Besondere Regeln bestehen für Glasvorbauten. Wenn die Räume hinter dem Glasvorbau nicht ausschließlich durch diesen belüftet werden, kann der Glasvorbau vernachlässigt werden. Der Glasvorbau ist im Rahmen der Norm nicht der Raum, der zu den höchsten Anforderungen des sommerlichen Wärmeschutzes führt.

In allen anderen Fällen ist der sommerliche Wärmeschutz für jeden Raum nachzuweisen. Der Sonneneintragskennwert muss unter einem zulässigen Sonneneintrag liegen. Der Nachweis des sommerlichen Wärmeschutzes ist abhängig von verschiedenen Faktoren:

- Gesamtenergiedurchlassgrad der transparenten Außenbauteile (Fenster und feste Verglasungen),
- ihrem Sonnenschutz,
- ihrem Anteil an der Fläche der Außenbauteile,
- ihrer Orientierung nach der Himmelsrichtung,
- ihrer Neigung bei Fenstern in Dachflächen, der Fensterflächen, die dauernd vom Gebäude selbst verschattet sind,

- Lüftung in den Räumen, eventuell Nachtlüftung oder Leistung einer Lüftungsanlage,
- der Wärmekapazität insbesondere der innen liegenden Bauteile. Dazu bestehen detaillierte Angaben zu Eigenschaften der leichten und der schweren Bauart mit entsprechender wirksamer Wärmekapazität.
- Bei Außenbauteilen wirken sich außen liegende Wärmedämmschichten und innen liegende wärmespeicherfähige Schichten in der Regel günstig auf das sommerliche Raumklima aus.
- Wärmeleiteigenschaften der nicht transparenten Außenbauteile bei instationären Randbedingungen (tageszeitlicher Temperaturgang und Sonneneinstrahlung)
- Eine dunkle Farbgebung der Außenbauteile kann zu höheren Temperaturen an der Außenoberfläche und Wärmeinträgen in den Raum führen als eine helle Farbgebung.
- Die Klimaregion nach der Deutschlandkarte Bild 1. Die höchste Wärmebelastung gleicht nicht zufällig der Karte der Weinanbaugebiete.
- Innenraumbeleuchtung mit Tageslicht (siehe auch DIN 5034-1).

Dabei ist »Fensterfläche« das lichte Rohbaumaß der Fensteröffnung. Massive Fensteranschläge werden übermessen. Bei Fensterelementen mit opaken Anteilen (z. B. opake Paneele, Vorbaukästen, Mini-Aufsatzkästen) ist nur der verglaste Teilbereich der Fenster einschließlich seiner Rahmen zu berücksichtigen.

Dabei ist Nettogrundfläche das Raummaß. Bei sehr tiefen Räumen muss nur die dreifache lichte Raumhöhe als Raumtiefe berücksichtigt werden. Bei Räumen mit gegenüberliegenden Fensterfassaden ist maximal die sechsfache lichte Raumhöhe zu berücksichtigen.

Der Gesamtenergiedurchlassgrad des Glases ergibt sich aus den Leistungsnachweisen des Herstellers. Der Gesamtenergiedurchlass der Fenster einschließlich Sonnenschutz wird durch Abminderungsgrade nach Tabelle 7 der Norm für unterschiedliche Sonnenschutzmaßnahmen von Sonnenschutzgläsern bis zu Markisen und Lamellen angegeben.

Das Ergebnis des Sonnenwärmeeintrags muss unter dem vorgegebenen Grenzwert liegen.

Der in der eingeführten Technischen Baubestimmung DIN 4108-2:2013 genormte Nachweis des sommerlichen Wärmeschutzes ist so weit »auf der sicheren Seite« angesiedelt, dass durch bauphysikalische Einzelnachweise mit Simulationsprogrammen erhebliche Baukostenersparnisse realisiert werden können, indem Räume ohne motorische Lüftung nachgewiesen werden können, die nach dem DIN-Nachweis solche motorischen Lüftungseinrichtungen benötigen würden. Für die Simulation stehen geeignete Computerprogramme zur Verfügung. Das Verfahren der thermischen Gebäudesimulation ist in der Norm ausdrücklich als Alternative zum vereinfachten Nachweis nach der Norm vorgesehen.

Der Sonderfall Rollladen

Systeme für einen temporären Sonnenschutz stehen rein mechanisch durchaus zur Verfügung. Die einfachsten sind Vorhang, Jalousie und Rollladen. Von diesen genießen Rollladen eine so große Wertschätzung, dass sie jahrzehntelang allen Verschärfungen der Energieeinsparung immer wieder ein Schnippchen schlagen konnten. Dazu kommen Rollladenkästen in den Genuss eines gesonderten Anhangs der DIN 4108-2 aus 2013 und der Richtlinie über Rollladenkästen (RokK 2016-07, MVVTB 2019 Abschnitt C 2.8.1 Anhang 13). Darauf lohnt es, einen Blick zu werfen. Der Wärmedurchgang des Rollladenkastens wird nach der RokK 2016 (a. a. O.) nach besonderen Regelungen ermittelt. Diese Anforderung gilt als erfüllt, wenn der nach dieser Regel berechnete oder gemessene Wärmedurchgangskoeffizient U_{sb} des Rollladenkastens $U_{sb} \leq 0{,}85$ W/(m² × K) beträgt und der Wärmebrückenfaktor nach DIN 4108 eingehalten ist.

Bei der Ermittlung des Wärmedurchgangskoeffizienten durch Messung oder Berechnung gilt:

- Der angrenzende Fensterrahmen ist für die Zwecke dieser Richtlinie als adiabat zu betrachten. »Adiabatisch« heißt laut Wahrigs Lexikon der deutschen Sprache »ohne Wärmeaustausch«, als ob nicht gerade Wärmeaustausch Gegenstand der Regelung wäre.
- Der obere Baukörperanschluss wird für die Zwecke dieser Richtlinie als adiabal betrachtet. Wie vor.
- Geeignete Dichtungen, z. B. Bürstendichtungen, dürfen zur Verringerung der Schlitzbreite in Ansatz gebracht werden. Als ob der Rollraum im Kasten bei herabgelassenem Rollladenpanzer nicht regelmäßig mit der Außenluft verbunden wäre.
- Bei der zweidimensionalen Berechnung ist die Wärmestromdichte auf die senkrechte innenseitige Projektionsfläche (Ansichtsfläche) des gesamten Rollladenkastens zu beziehen. Die frühere Normfassung wies noch ausdrücklich darauf hin, dass dazu längs durch den Dämmstoff gemessen wird (Pfeil 2) was überraschend bessere Werte ergibt als die Messung quer durch den Dämmstoff (Pfeil 3), während die Messung durch den Revisionsdeckel (Pfeil 4) entfällt, weil nicht senkrecht zur Ansichtsfläche.

Ist schon $U_{sb} \leq 0{,}85$ W/(m² × K) kein besonders ehrgeiziger Wert, kommt hinzu, dass die wärmeschutztechnischen Eigenschaften von den am Markt wesentlichen Vorsatzkästen und Mini-Aufsatzkästen unter Miterfassung der Einbausituation nachgewiesen werden müssen. Im Ergebnis erspart – entgegen dem Text der Richtlinie – ein vorliegendes Prüfzeugnis dem Planer nicht die Prüfung der Wärmebrücken am Rollladenkasten.

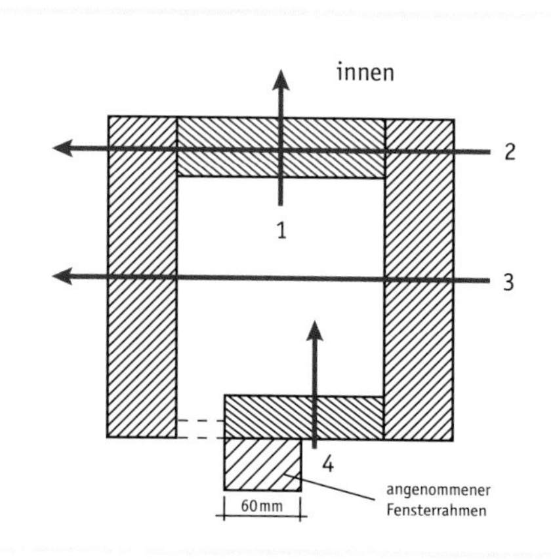

Abb. 111: Die Messung nach dem Pfeil 2 hilft, dass auch der schwächste Rollladenkasten die Norm erfüllt (DIN 4108-2:2003)

4.3 Schallschutz

Schall wird durch Luft übertragen. Schall breitet sich als Körperschall in festen Stoffen aus, welche ihrerseits den Schall als Strahlung wieder abgeben. Schwere Wände bremsen die Schallausbreitung. Glas ist mit 25 kN/m^2 schwerer als alles Mauerwerk, so schwer wie Stahlbeton. Aluminium und Granit sind geringfügig schwerer, Stahl ist dreimal so schwer. Luftschallschutz kann folglich durch dickes Glas erzielt werden.

Schall breitet sich wellenförmig aus, wird an Materialübergängen gebrochen, an Kanten gebeugt, von Oberflächen reflektiert. Zwei verschieden dicke Scheiben im Isolierglas tragen zum Schallschutz bei, indem sie Resonanzschwingungen verhindern. Schwere Gasfüllungen verbessern Schallschutzeigenschaften.

Innenräume sind gegen Straßenlärm zu schützen. Benachbarte Räume sind gegeneinander abzuschotten. Betriebslärm aus Arbeitsstätten muss drinnen bleiben. Schallschutz hat eine Richtung vom zu schützenden Raum zur Lärmquelle.

Im Prüfstand ermittelte Schallschutzwerte der Gläser stehen in den Glaslisten der Hersteller. Der Rahmen muss die gleichen Werte unterstützen wie die Scheibe. Die Fugen und ihre Dichtungen zwischen Glas und Rahmen, Flügelrahmen und Blendrahmen, Blendrahmen und Gebäude stehen in der Schallschutznorm DIN 4109 nicht mehr m Beiblatt 1, sondern nun im Normenteil 35 (sic!). Dazu der Normentext (DIN 4109-2:2018):

»Fugen müssen so geplant und ausgeführt werden, dass das bewertete Schalldämm-Maß des Fensters erhalten bleibt. Als Planungskriterium gilt die Forderung, dass die Schalldämmung R_W des Bauteils um nicht mehr als 1 dB reduziert wird.«

Die bereits oben zitierte DIN 14351 zeigt in Anhang B den Weg vom Tabellenwert des Glasherstellers zum Wert des Fensters. Dazu kommen ein Vorhaltemaß von 5 dB für den Einbau am Bau und Korrekturwerte für unterschiedliche Fensterformate (siehe Tabelle B.1 der DIN 14351).

Beispiel: Eine Isolierglasscheibe mit einem vom Hersteller vorgegebenen Luftschallschutzmaß von 34 dB erreicht in einem Dreh- oder Dreh-Kipp-Rahmen als Einfachfenster mit einer Dichtung ein R_w von 35 dB ohne das Vorhaltemaß von 5 dB für den Einbau in einer Wand.

Für den Fall, dass kein bewertetes Schalldämm-Maß deklariert ist oder Fensterkonstruktionen erst festgelegt werden sollen, gelten die Tabellen 1 und 2 aus DIN 4109-35:2016-07. Das bewertete Schalldämm-Maß R_{w},Fenster für Einfachfenster mit Mehrscheiben-Isolierglas (MIG) ist dann die Summe einer der horizontalen Zeilen von 1 bis 16.

Beispiel: Das Fenster nach Tabelle 1 Zeile 5 R_w = 35 dB wird ermittelt mit Korrekturwerten für die Rahmenbauart, das Rahmenmaterial, den Rahmenanteil, Stulpfenster, Festverglasung, Fenstergröße, Sprossen und gilt dann mit einer Gesamtglasdicke von 10 mm, einem Glasaufbau von 6 mm / 12 mm SZR / 4 mm mit 33 dB und einer Falzdichtung.

Die Tabellenwerte der Gläser sind an Einbaubedingungen geknüpft. Das Fenster ist als Bauteil in der definierten Einbausituation nachzuweisen. Der Leistungsnachweis gilt für die geprüften Baumuster. Bei der kleinsten Abweichung ist der Leistungsnachweis im Einzelfall zu erbringen. Beispiel: Ein Leistungsnachweis für ein einflügeliges Fenster gilt nicht für ein zweiflügeliges Fenster, es sei denn, dies sei ausdrücklich Gegenstand des Nachweises.

Der Schallschutznachweis von Fenstern und Glasfassaden ist eine bauphysikalische Planungsaufgabe und kein Nachschlagen in einer Liste.

4.4 Brandschutz

Brandschutz unterscheidet Baustoffe, die selbst brennen, Baustoffe, die Brandgase nicht durchlassen, aber nicht vermeiden, dass Hitzestrahlung auf der abgewandten Seite Gegenstände hinter der Verglasung entzündet, und Baustoffe, die auch die Hitzestrahlung zurückhalten. Die Widerstandsdauer gegen den Brand wird in Minuten angegeben in Schritten von 15, 30, 60, 120 bis 360 Minuten. Europäische und deutsche Klassifikationen konkurrieren noch. Die vorangegangene deutsche Version der europäischen Norm konnte sich zwischen englischen und französischen Begriffen nicht recht entscheiden. Manche Begriffe sind in beiden Sprachen ähnlich, aber nicht alle. Aus diesem babylonischen Sprachgemisch sind die Anfangsbuchstaben als Kennzeichen von Brandschutzeigenschaften übrig geblieben.

Tab. 24: Begriffe DIN EN 13501 alt

DIN EN 13501	Bauregelliste A europäisch	Bauregelliste A deutsch	Übersetzung DIN 4102
R	Résistance	Tragfähigkeit	
E	Étanchéité	Raumabschluss	E 30 = G 30
W	Radiation	Strahlungsminderung	
I	Isolation	Wärmedämmung	EI 30 = F 30
S	Smoke	Rauchschutz	Rauchschutztüren
C	Closing	selbstschließend	
M	Mechanical	Stoßbeanspruchung	
i-o	Inside to outside	von innen nach außen	

Für Verglasungen sind die Eigenschaften Raumabschluss und Wärmedämmung wichtig. Der Raumabschluss (Kurzzeichen E) verhindert ein Durchschlagen der Flammen und verhindert zusammen mit der Wärmedämmung (Kurzzeichen I) eine Erhitzung auf der dem Feuer abgewandten Seite, die dort Material entzünden kann.

Der Raumabschluss (franglais Étanchéité) ersetzt die deutschen Kürzel F und G. Eine brandschützende Wand F30 schützt 30 Minuten vor Flammendurchgang und Wärmedurchgang.

Eine brandschützende Verglasung G30 schützt 30 Minuten vor Flammendurchgang aber nicht vor Erwärmung auf der geschützten Seite.

Die Brandschutznorm DIN EN 16034 für Bauteile aus Glas ergänzt die Beschreibung von Fenstern nach DIN EN 14351 um das Kriterium Brandschutz.

Die Angaben der Widerstandszeit können für die einzelnen Kategorien abweichen.

Brandschutz wirkt zwischen zwei Räumen (Trennwand), von oben nach unten (harte Bedachung gegen Flugfeuer), von unten nach oben (Decken und Dächer), von innen nach außen, von außen nach innen. Die verglaste Brüstung kann gegen Absturz sichern und den Brandüberschlag von einem Geschoss zum anderen vereiteln.

Horizontalverglasungen haben Zulassungen für Brandschutz von unten nach oben. Zulassungen von Horizontalverglasungen von oben nach unten sind nicht bekannt. Das schränkt Fluchtwege unter einem Glasdach ein.

Die verwendeten Glasarten, die den Raumabschluss gewährleisten, Brandgase abhalten aber Hitze durchlassen, sind Drahtglas, Glasbausteine und vorgespannte Borosilikatgläser. Borosilikatglas ist hitzebeständig, weil seine geringere thermische Längenänderung die Zerstörung durch Hitzespannungen mindert. Es hat höhere Temperaturbeständigkeit durch einen höheren Erweichungspunkt und höhere Viskosität. 6 mm vorgespanntes Borosilikatglas ist G 60 entsprechend europäisch E 60, 8 mm dickes G 120 entsprechend E 120. Diese Gläser bleiben auch bei größter Hitze transparent. Das ist in Brandschutzkonzepten ein wichtiger Aspekt für die Rettung von Personen. In Büros werden im Spannungsfeld zwischen Großraumbüro, Arbeitsgruppe und Einzelraum Flexibilität und Umbaumöglichkeiten gefordert. Für die Rettung der »vergessenen« Kollegen ist der verglaste Flur – ähnlich dem offenen Gruppenraum – günstiger als das eingeigelte Zellenbüro. In der Folge wechseln Büroflure in den Augen der Brandschutzplaner vom feuerbeständigen »notwendigen Flur« zur internen Erschließungsfläche innerhalb des Brandabschnitts, wenn die Verglasung im Brandfall durchsichtig bleibt.

Glasarten, die den Raumabschluss aufrechterhalten und zusätzlich den Hitzedurchgang soweit bremsen, dass sich die Temperatur auf der Gegenseite nicht mehr als 140 °C erhöht, sind Verbundgläser mit einer Gelschicht im Scheibenzwischenraum, die bei Erwärmung zu einer Dämmschicht verdampft. Die Wärmedämmung verhindert eine Selbstentzündung auf der geschützten Seite. Solche Gläser erreichen Brandschutzwerte F 30 bis F 120 entsprechend EI 30 bis EI 120. Die optischen Eigenschaften werden dabei beeinträchtigt.

Brandschutzgläser aus VSG aus Float mit Zwischenschichten aus Wasserglas erreichen hohen Feuerwiderstand durch Aufschäumen der Zwischenschichten, Abspalten von Wasser und Schmelzen des Glases. Beim Aufschäumen verlieren sie die Transparenz. Die Glasart ist empfindlich gegen eine Störung der Transparenz durch Bläschenbildung. Zusätzliche PVB-Folien im Scheibenaufbau erhöhen die UV-Beständigkeit der Zwischenschichten. Andere Zwischenschichten, zum Beispiel Bor-Aluminiumphosphat, weisen eine bessere UV-Beständigkeit auf als Wasserglas.

Abb. 112: Brandschutzglas mit Verfärbung durch UV-Strahlung

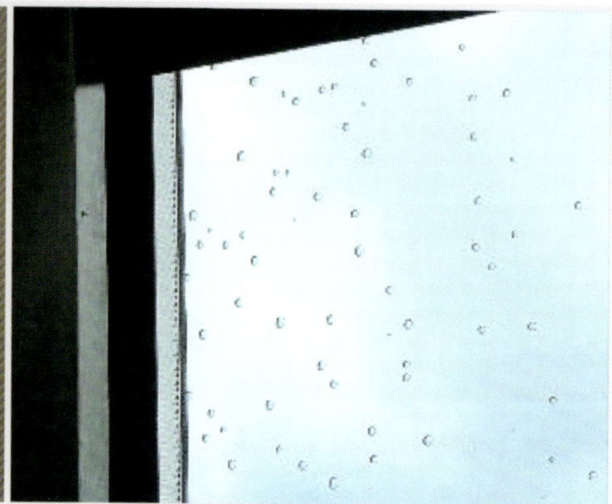

Abb. 113: Brandschutzglas mit Bläschenbildung

Die Brandschutzeigenschaft wird im Prüfstand zusammen mit dem Rahmen, dem Glaseinstand, dem Anschluss des Rahmens an die flankierende Wand und dem Mindest-Feuerwiderstand der Wand bestimmt. Die Einstufung nach der harmonisierten Norm DIN EN 16034 aus dem Jahr 2014 »Türen, Tore und Fenster – Produktnorm, Leistungseigenschaften – Feuer- und/oder Rauchschutzeigenschaften« bezeichnet Glasart und Rahmenkonstruktion zusammen als Einheit. Bei der kleinsten Abweichung ist eine Zulassung im Einzelfall zu erwirken. Das gilt für die Größe, die Art der Öffnung, die Anzahl der Flügel, das Verhältnis von Höhe zu Breite. Selbst Beschriftungen, Aufkleber und Beschichtungen sind nur im Rahmen der ausdrücklichen Zulässigkeit erlaubt. Zum genormten Fenster gehört ein Nachweis über den sach- und fachgerechten Einbau in die Wand und deren Brandschutzeigenschaften. Einbau als punktgelagerte Verglasung siehe Abb. 114.

Dem Fenster ist eine Einbauanleitung beizugeben. Alle geprüften Eigenschaften sind auf dem Bauprodukt oder der Verpackung zusammen mit dem bekannten CE-Zeichen zu kennzeichnen.

Abb. 114: Brandschaden an punktförmig gelagerter Verglasung

5 Ausblick

Abb. 115: Überdachung eines Metroeingangs in Tokyo ganz aus Glas

Die Einstellung der Reflexion für bestimmte Wellenlängen der sichtbaren und unsichtbaren Strahlung erlaubt auch die Abschirmung von Radarstrahlung an Flughäfen und die Reflexion von nur für Vögel sichtbaren Hindernissen. Bleiglas schirmt Röntgenstrahlen ab. Der Spezialisierung sind kaum Grenzen gesetzt. Der Spezialisierung dient auch die Trennung der Funktionen. Licht und Lüftung, Kühlen und Lüften, Glashalten und Abdichten, Durchsicht und Belichtung bereichern die Architektur getrennt.

In vielen Fällen ist es vorteilhaft, mehrere Funktionen zu kombinieren. Absturzsicherung, Sonnenschutz und Schallschutz kommen in unzähligen Bürofassaden zusammen. Wärmeschutz und Einbruchschutz kommen in immer mehr Wohngebäuden zusammen. Durch Bedrucken, Ätzen, Emaillieren, Gießen und Einlagen erhalten Gläser unterschiedliche Erscheinungsbilder. Die Kombinationen werden von der Industrie stetig erweitert. Gebogene Überkopfverglasung und Absturzsicherung mit Brandschutzeigenschaft sind zwar nicht zusammen geregelt und genormt, können durch Kombination von Eigenschaften mit entsprechendem Leistungsnachweis durchaus zusammengebracht werden.

Glas hat viele Eigenschaften. Wenn schon nicht alle Eigenschaften gleichzeitig zu schaffen sind, können sie doch zu verschiedenen Zeiten auftreten. Durch Einwirkung von Licht, Wärme oder Elektrizität kann Glas seine Farbe ändern. Schaltbares Glas steht transparent unter Strom. Bei Stromausfall wird es undurchsichtig. Der Sonnenschutz passt sich der Sonneneinstrahlung an. Die Lichtfarbe folgt Wetter und Tageszeit. Sichtschutz entsteht auf Knopfdruck. Glas dämmt Wärme, gewinnt photovoltaisch elektrische Energie und heizt elektrisch den Raum.

Nicht alles lässt sich mit allem kombinieren. Kompromisse und Gegensätze stehen sich gegenüber. Lichtdurchlässigkeit und Wärmedurchlässigkeit sind enger verknüpft, als dem Sonnenschutz lieb ist. Mechanische Festigkeit und ungestörte Transparenz treffen bei Schutzverglasungen an die Grenze ihrer gegenseitigen Abhängigkeit. Der Randverbund von Isolierglas kennt Abhängigkeiten zwischen UV-Beständigkeit, Wasserempfindlichkeit und Wärmedurchgang.

Im Buch wird Glas als Fläche behandelt, zwar rahmenlos, gebogen, betretbar aber immer als Fläche. Glas wird aber auch für dreidimensionale Gebilde eingesetzt. Bekannt sind die seit Jahrzehnten zuerst in Frankreich gebräuchlichen Ganzglasanlagen von Türen und Windfängen. Ganze WC-Anlagen für öffentliche Gebäude werden als Nur-Glas-Konstruktionen angeboten. Hohe Glasfronten erhalten Glasstege zur Aussteifung. Der Anschluss von Trennwänden an großflächig verglaste Fassaden erfolgt mit Glasschwertern. Bei Experimentalbauten tragen Glaswände Dächer. Brücken werden aus Glas gebaut. Treppen werden ganz aus Glas gebaut. Glas hat die Fläche längst verlassen.

Bauten ganz aus Glas füllen diverse Publikationen. Demgegenüber würde der Autor sich glücklich schätzen, könnte er dazu beitragen, dass nicht Verglasungen ihre technische Lebensdauer durch blöde Verarbeitungsfehler unnötig verkürzen, oder auch nur unbeschadet über die Bauzeit kommen.

Abb. 116: Glas

Bauausführungen hoher Komplexität müssen sorgfältig geplant und sorgfältig ausgeführt werden. Hierzulande geplante und gefertigte Glasfassaden erfüllen diese Anforderung im weltweiten Wettbewerb. Gleichzeitig werden hierzulande Verglasungen und Wintergärten haarsträubender Schlechtleistung produziert.

Glas ist wasserfest. Glas ist lichtbeständig. Glas wird mit Keramik vermählt. Glas wird mit Aluminium verschweißt. Glas wird bruchfest. Glas wird feuerbeständig. Glas heizt. Glas kühlt. Glas dämmt Schall. Glas ist Lautsprecher. Glas dämpft Vibration. Glas warnt durch Vibration. Bisher ist Glas geruchsneutral und geschmacksneutral. Da fehlt eigentlich nur noch, dass Glas riecht und schmeckt. Das kriegt die Forschung auch noch hin.

6 Anhang

Abb. 117: Glaspyramide als Haupteingang zum Musée du Louvre

6.1 Liste der Technischen Baubestimmungen

Muster-Verwaltungs-Vorschrift Technische Baubestimmungen / MVVTB 2019 mit Druckfehlerberichtigung 2020 (hier nur Glas).

Teil A Technische Baubestimmungen, die bei der Erfüllung der Grundanforderungen an Bauwerke zu beachten sind.

Teil A 1.2.7 Glaskonstruktionen

- DIN 18008-1:2020-05 Glas im Bauwesen – Bemessungs- und Konstruktionsregeln – Begriffe und allgemeine Grundlagen
- DIN 18008-2:2020-05 – Glas im Bauwesen – Bemessungs- und Konstruktionsregeln – Linienförmig gelagerte Verglasungen
- DIN 18008-3:2013-07 – Glas im Bauwesen – Bemessungs- und Konstruktionsregeln – Punktförmig gelagerte Verglasungen
- DIN 18008-4:2013-07– Glas im Bauwesen – Bemessungs- und Konstruktionsregeln – Zusatzanforderungen an absturzsichernde Verglasungen
- DIN 18008-5:2013-07 – Glas im Bauwesen – Bemessungs- und Konstruktionsregeln – Zusatzanforderungen an begehbare Verglasungen

Teil C 2 Voraussetzungen zur Abgabe der Übereinstimmungserklärung des Herstellers für Bauprodukte nach § 22 MBO, C 2.11 Bauprodukte aus Glas

- C 2.11.1 Vorgefertigte absturzsichernde Verglasung DIN 18008-4:2013-07 mit Ausnahme Anhang A (Konstruktionen, deren Stoßsicherheit durch Versuche erbracht ist), Anhang D (Nachweis der Stoßsicherheit von Lagerungskonstruktionen) und Anhang E (Nachweis eines Kantenschutzes durch Bauteilversuch)
- 2.11.2 Vorgefertigte begehbare Verglasung DIN 18008-5:2013-07, mit Ausnahme Anhang A (Nachweis der Stoßsicherheit und Resttragfähigkeit durch Bauteilversuche)
- Anhang 13 zu Nr. C 2.8.1 Richtlinie über Rollladenkästen (RokK) 2916-07

6.2 Regeln für Bauprodukte aus Glas

- DIN 1249-11:2017-05 – Flachglas im Bauwesen; Glaskanten; Begriff, Kantenformen und Ausführung Ausgabe: 1986-09 (die anderen Teile der DIN 1249 Flachglas im Bauwesen sind europäisiert)
- DIN 1259-1:2001-09 – Glas – Begriffe für Glasarten und Glasgruppen
- DIN 1259-2:2001-09 – Glas – Begriffe für Glaserzeugnisse
- DIN EN 410:2011-04 – Glas im Bauwesen – Bestimmung der lichttechnischen und strahlungsphysikalischen Kenngrößen von Verglasungen; deutsche Fassung EN 410:2011

- DIN EN 572-2:2012-11 – Glas im Bauwesen – Basiserzeugnisse aus Kalk-Natronsilicatglas – Floatglas; deutsche Fassung EN 572-2:2012
- DIN EN 572-1:2016-06 – Glas im Bauwesen – Basiserzeugnisse aus Kalk-Natronsilicatglas – Teil 1: Definitionen und allgemeine physikalische und mechanische Eigenschaften
- DIN EN 572-3:2012-11 – Glas im Bauwesen – Basiserzeugnisse aus Kalk-Natronsilicatglas – Teil 3: Poliertes Drahtglas Europäische Norm
- DIN EN 572-4:2012-11 – Glas im Bauwesen – Basiserzeugnisse aus Kalk-Natronsilicatglas – Gezogenes Flachglas; deutsche Fassung EN 572-4:2012
- DIN EN 572-5:2012-11 – Glas im Bauwesen – Basiserzeugnisse aus Kalk-Natronsilicatglas – Teil 5: Ornamentglas; deutsche Fassung EN 572-5:2012
- DIN EN 572-5 – Glas im Bauwesen – Basiserzeugnisse aus Kalk-Natronsilicatglas – Teil 5: Ornamentglas
- DIN EN 572-6:2012-11 – Glas im Bauwesen – Basiserzeugnisse aus Kalk-Natronsilicatglas – Drahtornamentglas; deutsche Fassung EN 572-6:2012
- DIN EN 572-7:2012-11 – Glas im Bauwesen – Basiserzeugnisse aus Kalk-Natronsilicatglas – Profilbauglas mit oder ohne Drahteinlage; deutsche Fassung EN 572-7:2012
- DIN EN 572-8:2012-11 – Glas im Bauwesen – Basiserzeugnisse aus Kalk-Natronsilicatglas – Liefermaße und Festmaße; deutsche Fassung EN 572-8:2012
- DIN EN 572-8:2016-06 – Glas im Bauwesen – Basiserzeugnisse aus Kalk-Natronsilicatglas – Liefermaße und Festmaße;
- DIN EN 572-9:2005-01 – Glas im Bauwesen – Basiserzeugnisse aus Kalk-Natronsilicatglas – Konformitätsbewertung / Produktnorm; deutsche Fassung EN 572-9:2004
- DIN EN 1036-1:2008-03 – Glas im Bauwesen – Spiegel aus silberbeschichtetem Floatglas für den Innenbereich – Teil 1: Begriffe, Anforderungen und Prüfverfahren; deutsche Fassung EN 1036-1:2007
- DIN EN 1036-2: 2008-05 – Glas im Bauwesen – Spiegel aus silberbeschichtetem Floatglas für den Innenbereich – Konformitätsbewertung / Produktnorm – deutsche Fassung EN 1036-2:2008
- DIN EN 1051-1:2003-04 – Glas im Bauwesen – Glassteine und Betongläser – Teil 1: Begriffe und Beschreibungen; deutsche Fassung EN 1051-1:2003
- DIN EN 1051-2:2007-12 – Glas im Bauwesen – Glassteine und Betongläser – Teil 2: Konformitätsbewertung / Produktnorm; deutsche Fassung EN 1051-2:2007
- DIN EN 1063:2000-01 – Glas im Bauwesen – Sicherheitssonderverglasung – Prüfverfahren und Klasseneinteilung für den Widerstand gegen Beschuss; deutsche Fassung EN 1063:1999
- DIN EN 1096-1:2012-04 – Glas im Bauwesen – Beschichtetes Glas – Teil 1: Definitionen und Klasseneinteilung; deutsche Fassung EN 1096-1:2012
- DIN EN 1096-1 – Glas im Bauwesen – Beschichtetes Glas – Teil 1: Definitionen und Klasseneinteilung
- DIN EN 1096-2:2012-04 – Glas im Bauwesen – Beschichtetes Glas – Teil 2: Anforderungen an und Prüfverfahren für Beschichtungen der Klassen A, B und S; deutsche Fassung EN 1096-2:2012

- DIN EN 1096-3:2012-04 – Glas im Bauwesen – Beschichtetes Glas – Teil 3: Anforderungen an und Prüfverfahren für Beschichtungen der Klassen C und D; deutsche Fassung EN 1096-3:2012
- DIN EN 1279-1:2018-11 – Glas im Bauwesen – Mehrscheiben-Isolierglas – Teil 1: Allgemeines, Maßtoleranzen und Vorschriften für die Systembeschreibung
- E DIN EN 1279-1:2018-11 – Glas im Bauwesen – Mehrscheiben-Isolierglas – Allgemeines, Systembeschreibung, Austauschregeln, Toleranzen und visuelle Qualität
- E DIN EN 1279-4:2015-08 – Glas im Bauwesen – Mehrscheiben-Isolierglas – Verfahren zur Prüfung der physikalischen Eigenschaften des Randverbundes; deutsche und englische Fassung prEN 1279-4:2015 [zurückgezogen, ersetzt durch:] Oktober 2018
- DIN EN 1748-1-1:2004-12 – Glas im Bauwesen – Spezielle Basiserzeugnisse – Borosilicatgläser – Teil 1-1: Definitionen und allgemeine physikalische und mechanische Eigenschaften; deutsche Fassung EN 1748-1-1:2004
- DIN EN 1748-1-2:2005-01 – Titel (deutsch): Glas im Bauwesen – Spezielle Basiserzeugnisse – Borosilicatgläser – Konformitätsbewertung / Produktnorm; deutsche Fassung EN 1748-1-2:2004
- DIN EN 1748-2-1:2004-12 Glas im Bauwesen – Spezielle Basiserzeugnisse – Glaskeramik – Teil 2-1: Definitionen und allgemeine physikalische und mechanische Eigenschaften; deutsche Fassung EN 1748-2-1:2004
- DIN EN 1863-1, Glas im Bauwesen – Teilvorgespanntes Kalknatronglas – Definition und Beschreibung – Ausgabe: 2011-04
- DIN EN 12150-1:2020-07, Glas im Bauwesen – Thermisch vorgespanntes Kalknatron-Einscheibensicherheitsglas – Definition und Beschreibung –
- DIN EN 12150-2:2005-01 – Glas im Bauwesen – Thermisch vorgespanntes Kalknatron-Einscheibensicherheitsglas – Konformitätsbewertung / Produktnorm; deutsche Fassung EN 12150-2:2004
- DIN EN 12337-1:2000-11 – Glas im Bauwesen – Chemisch vorgespanntes Kalknatronglas – Teil 1: Definition und Beschreibung; deutsche Fassung EN 12337-1:2000
- DIN EN 12337-2:2005-01 – Glas im Bauwesen – Chemisch vorgespanntes Kalknatronglas – Konformitätsbewertung / Produktnorm; deutsche Fassung EN 12337-2:2004
- DIN EN 12600:2003-04 – Glas im Bauwesen – Pendelschlagversuch – Verfahren für die Stoßprüfung und Klassifizierung von Flachglas; deutsche Fassung EN 12600:2002
- DIN EN 12758:2019-06 – Glas im Bauwesen – Glas und Luftschalldämmung – Produktbeschreibungen und Bestimmung der Eigenschaften
- DIN EN 13022-1:2014-08 – Glas im Bauwesen – Geklebte Verglasungen – Glasprodukte für Structural-Sealant-Glazing (SSG-)Glaskonstruktionen für Einfachverglasungen und Mehrfachverglasungen mit oder ohne Abtragung des Eigengewichtes; deutsche Fassung EN 13022-1:2014
- DIN EN 13022-2:2014-08 – Glas im Bauwesen – Geklebte Verglasungen – Teil 2: Verglasungsvorschriften für Structural-Sealant-Glazing (SSG-)Glaskonstruktionen; deutsche Fassung EN 13022-2:2014

- DIN EN 13024-1:2012-02 – Glas im Bauwesen – Thermisch vorgespanntes Borosilicat-Einscheibensicherheitsglas – Definition und Beschreibung; deutsche Fassung EN 13024-1:2011
- DIN EN 13024-1:2012-02 Glas im Bauwesen – Thermisch vorgespanntes Borosilicat-Einscheibensicherheitsglas – Definition und Beschreibung
- DIN EN 13541:2012-06 – Glas im Bauwesen – Sicherheitssonderverglasung – Prüfverfahren und Klasseneinteilung des Widerstandes gegen Sprengwirkung; deutsche Fassung EN 13541:2012
- DIN EN 14178-1:2005-01 – Glas im Bauwesen – Basiserzeugnisse aus Erdalkali-Silicatglas – Floatglas; deutsche Fassung EN 14178-1:2004
- DIN EN 14178-2:2005-01 – Glas im Bauwesen – Basiserzeugnisse aus Erdalkali-Silicatglas – Konformitätsbewertung / Produktnorm; deutsche Fassung EN 14178-2:2004
- DIN EN 14179-1:2016-12 – Glas im Bauwesen – Heißgelagertes thermisch vorgespanntes Kalknatron-Einscheibensicherheitsglas – Definition und Beschreibung
- EN 14179-2, Glas im Bauwesen – Heißgelagertes thermisch vorgespanntes Kalknatron-Einscheiben-Sicherheitsglas – Teil 2: Konformitätsbewertung / Produktnorm
- EN 14321-2, Glas im Bauwesen – Thermisch vorgespanntes Erdalkali-Silicat-Einscheiben-Sicherheitsglas – Teil 2: Konformitätsbewertung / Produktnorm
- DIN EN 14321-1:2005-09 – Glas im Bauwesen – Thermisch vorgespanntes Erdalkali-Silicat-Einscheibensicherheitsglas – Teil 1: Definition und Beschreibung; deutsche Fassung EN 14321-1:2005
- DIN EN 14449:2005-07 – Glas im Bauwesen – Verbundglas und Verbund-Sicherheitsglas – Konformitätsbewertung / Produktnorm
- DIN EN 15434:2010-07 – Glas im Bauwesen – Produktnorm für lastübertragende und / oder UV-beständige Dichtstoffe (für geklebte Verglasungen und / oder Isolierverglasungen mit exponierten Dichtungen)
- DIN EN 15681-1:2016-06 – Glas im Bauwesen – Basiserzeugnisse aus Alumo-Silicatglas – Definitionen und allgemeine physikalische und mechanische Eigenschaften
- DIN EN 15682-1:2013-10 – Glas im Bauwesen – Heißgelagertes thermisch vorgespanntes Erdalkali-Silicat-Einscheibensicherheitsglas – Definition und Beschreibung; deutsche Fassung EN 15682-1:2013
- DIN EN 15683-1:2014-01 – Glas im Bauwesen – Thermisch vorgespanntes Kalknatron-Profilbau-Sicherheitsglas – Teil 1: Definition und Beschreibung
- DIN EN 15683-2:2014-02 – Glas im Bauwesen – Thermisch vorgespanntes Kalknatron-Profilbau-Sicherheitsglas – Konformitätsbewertung / Produktnorm; deutsche Fassung EN 15683-2:2013
- DIN EN 15752-1:2014-10 – Glas im Bauwesen – Selbstklebende Polymerfolie – Teil 1: Begriffe und Anforderungen; deutsche Fassung EN 15752-1:2014
- DIN EN 15755-1:2014-10 – Glas im Bauwesen – Glas mit selbstklebender Polymerfolie – Begriffe und Anforderungen; deutsche Fassung EN 15755-1:2014
- DIN EN 16477-1:2016-07 – Glas im Bauwesen – Farbiges Glas für den Innenbereich – Teil 1: Prüfung und Anforderungen

- E DIN EN 16612:2017-05 – Glas im Bauwesen – Bestimmung des Belastungswiderstandes von Glasscheiben durch Berechnung und Prüfung
- DIN EN 16613:2017-05 – Verbundglas und Verbund-Sicherheitsglas – Bestimmung der mechanischen Eigenschaften von Zwischenschichten
- DIN EN 16656:2014-10 – Glas im Bauwesen – Empfehlungen für die Verglasung – Verglasungsgrundlagen für vertikale und abfallende Verglasung
- DIN EN ISO 11431:2003-01 – Hochbau – Fugendichtstoffe – Bestimmung des Haft- und Dehnverhaltens von Dichtstoffen nach Einwirkung von Wärme, Wasser und künstlichem Licht durch Glas
- DIN EN ISO 12543-1:2011-12 – Glas im Bauwesen – Verbundglas und Verbund-Sicherheitsglas – Teil 1: Definitionen und Beschreibung von Bestandteilen (ISO 125431:2011); deutsche Fassung EN ISO 12543-1:2011
- DIN EN ISO 12543-2:2011-12 – Glas im Bauwesen – Verbundglas und Verbund-Sicherheitsglas – Verbund-Sicherheitsglas (ISO 12543-2:2011); deutsche Fassung EN ISO 12543-2:2011
- DIN EN ISO 12543-3:2011-12 – Glas im Bauwesen – Verbundglas und Verbund-Sicherheitsglas – Verbundglas (ISO 12543-3:2011); deutsche Fassung EN ISO 125433:2011
- DIN EN ISO 12543-5:2011-12 – Glas im Bauwesen – Verbundglas und Verbund-Sicherheitsglas – Maße und Kantenbearbeitung (ISO 12543-5:2011); deutsche Fassung EN ISO 12543-5:2011
- DIN EN ISO 12543-6:2012-09 – Glas im Bauwesen – Verbundglas und Verbund-Sicherheitsglas – Teil 6: Aussehen (ISO 12543-6:2011 + Cor. 1:2012); deutsche Fassung EN ISO 12543-6:2011 + AC:2012
- DIN EN 14179-1, Glas im Bauwesen – Heißgelagertes thermisch vorgespanntes Kalknatron-Einscheibensicherheitsglas – Teil 1: Definition und Beschreibung
- DIN EN ISO 12543-2, Glas im Bauwesen – Verbundglas und Verbund-Sicherheitsglas – Teil 2: Verbund-Sicherheitsglas
- DIN EN ISO 12543-3, Glas im Bauwesen – Verbundglas und Verbund-Sicherheitsglas – Teil 3: Verbundglas ISO 6707-1, Buildings and civil engineering works – Vocabulary – Part 1: General terms
- DIN EN ISO 14438:2002-09 – Glas im Bauwesen – Bestimmung des Energiebilanz-Wertes – Berechnungsverfahren (ISO 14438:2002); deutsche Fassung EN ISO 14438:2002
- E DIN EN ISO 14439:2007-11 – Glas im Bauwesen – Anforderungen für die Verglasung – Verglasungsklötze
- ISO 11485-1:2011-12 – Glas im Bauwesen – Gebogenes Glas – Teil 1: Terminologie und Begriffe
- ISO/DIS 12540:2015-09 Glas im Bauwesen – Thermisch vorgespanntes Kalknatron-Einscheibensicherheitsglas
- ISO 12543-1:2011-08 – Glas im Bauwesen – Verbundglas und Verbund-Sicherheitsglas – Teil 1: Definitionen und Beschreibung von Bestandteilen

6.3 Regeln für Verglasungen

- DIN 18008-6:2018-02 – Glas im Bauwesen – Bemessungs- und Konstruktionsregeln – Zusatzanforderungen an zu Instandhaltungsmaßnahmen betretbare Verglasungen und an durchsturzsichere Verglasungen
- DIN 18361, Ausgabe: 2019-09 – VOB Vergabe- und Vertragsordnung für Bauleistungen – Teil C: Allgemeine Technische Vertragsbedingungen für Bauleistungen (ATV) – Verglasungsarbeiten
- DIN 18545:2015-07 – Abdichten von Verglasungen mit Dichtstoffen – Anforderungen an Glasfalze und Verglasungssysteme
- DIN EN 356:2000-02 – Glas im Bauwesen – Sicherheitssonderverglasung – Prüfverfahren und Klasseneinteilung des Widerstandes gegen manuellen Angriff; deutsche Fassung EN 356:1999
- DIN EN 1063:2001-01 Widerstand gegen Beschuss
- DIN EN 1990:2010-12, Eurocode: Grundlagen der Tragwerksplanung; deutsche Fassung EN 1990:2002+A1:2005+A1:2005/AC:2010
- DIN EN 1990/NA:2010-12, Nationaler Anhang – National festgelegte Parameter – Eurocode: Grundlagen der Tragwerksplanung
- DIN EN 1991-1-1:2010-12 Eurocode 1: Einwirkungen auf Tragwerke – Teil 1-1: Allgemeine Einwirkungen auf Tragwerke – Wichten, Eigenlasten, Nutzlasten für Gebäude
- EN 1991-1-3:2010-12, Eurocode 1: Einwirkungen auf Tragwerke – Teil 1-3: Allgemeine Einwirkungen auf Tragwerke – Schneelast
- EN 1991-1-4:2010-12, Eurocode 1: Einwirkungen auf Tragwerke – Teil 1-4: Allgemeine Einwirkungen auf Tragwerke – Windlast
- EN 1991-1-5:2010-12, Eurocode 1: Einwirkungen auf Tragwerke – Teil 1-5: Allgemeine Einwirkungen auf Tragwerke – Thermische Einwirkungen
- DIN EN 13022-1:2014-08 – Glas im Bauwesen – Geklebte Verglasungen – Teil 1: Glasprodukte für SSG-Systeme – Einfach- und Mehrfachverglasungen mit und ohne Abtragung des Eigengewichtes
- DIN EN 13022-2:2014-08 Glas im Bauwesen – Geklebte Verglasungen – Teil 2: Verglasungsvorschriften für Structural-Sealant-Glazing (SSG-) Glaskonstruktionen; deutsche Fassung EN 13022-2:2014
- EN 13830:2015-07, Vorhangfassaden – Produktnorm
- EN 14351-1:2016-12, Fenster und Außentüren – Produktnorm, Leistungseigenschaften – Teil 1: Fenster und Außentüren ohne Eigenschaften bezüglich Feuerschutz und/oder Rauchdichtheit
- DIN EN 15651-1:2017-07 – Fugendichtstoffe für nicht tragende Anwendungen in Gebäuden und Fußgängerwegen – Teil 1: Fugendichtstoffe für Fassadenelemente
- DIN EN 15651-2: 2017-07 – Fugendichtstoffe für nicht tragende Anwendungen in Gebäuden und Fußgängerwegen – Teil 2: Fugendichtstoffe für Verglasungen

- EN ISO 8339:2005-09, Hochbau – Fugendichtstoffe – Bestimmung des Zugverhaltens (Dehnung bis zum Bruch) (ISO 8339) [21] EN ISO 9001:2008, Qualitätsmanagementsysteme – Anforderungen (ISO 9001:2008)
- ISO 7619:2012-02 (alle Teile), Rubber, vulcanized or thermoplastic – Determination of indentation hardness
- ETAG 002 Geklebte Glaskonstruktionen

6.4 Normen für Fenster

- EN 1522:1999-02, Fenster, Türen, Abschlüsse – Durchschusshemmung – Anforderungen und Klassifizierung
- EN-V 1627, Fenster, Türen, Abschlüsse – Einbruchhemmung – Anforderungen und Klassifizierung
- EN 12207:2017-03 – Fenster und Türen – Luftdurchlässigkeit – Klassifizierung
- EN 12208:2000-06, Fenster und Türen – Schlagregendichtheit – Klassifizierung
- EN 12210:2016-09, Fenster und Türen – Widerstandsfähigkeit bei Windlast – Klassifizierung
- EN 12217:2015-07, Türen – Bedienungskräfte – Anforderungen und Klassifizierung
- EN 12219:2000-06, Türen – Klimaeinflüsse – Anforderungen und Klassifizierung
- EN 12400:2003-01, Fenster und Türen – Mechanische Beanspruchung – Anforderungen und Einteilung
- DIN EN 12519: 2019-02, Fenster und Türen – Terminologie
- EN 13049:2003-08, Fenster – Belastung mit einem weichen, schweren Stoßkörper – Prüfverfahren, Sicherheitsanforderungen und Klassifizierung
- EN 13115:2001-11, Fenster – Klassifizierung mechanischer Eigenschaften – Vertikallasten, Verwindung und Bedienkräfte
- EN 13123-1:2001-10, Fenster, Türen und Abschlüsse – Sprengwirkungshemmung – Anforderungen und Klassifizierung – Teil 1: Stoßrohr
- EN 13123-2:2004-05, Fenster, Türen und Abschlüsse – Sprengwirkungshemmung – Anforderungen und Klassifizierung – Teil 2: Freilandversuch
- DIN EN 13830:2015-07, Vorhangfassaden
- DIN EN 14351-1:2016-12, Fenster und Fenstertüren ohne Anforderungen an Rauch- und Brandschutz
- DIN EN 14600:2006-03, Fenster und Fenstertüren mit Anforderungen an Rauch- und Brandschutz [zurückgezogen]
- DIN EN 16034:2014-12, Türen, Tore und Fenster – Produktnorm, Leistungseigenschaften – Feuer- und / oder Rauchschutzeigenschaften
- DIN 4108-7:2011-01, Wärmeschutz und Energie-Einsparung in Gebäuden – Teil 7: Luftdichtheit von Gebäuden, Anforderungen, Planungs- und Ausführungsempfehlungen sowie Beispiele

6.5 Merkblätter und Richtlinien

Merkblätter und Richtlinien ift Rosenheim

Eine Übersicht der Veröffentlichungen ist unter www.ift.de einsehbar.

- Leitfaden zur Planung und Ausführung der Montage von Fenstern und Haustüren für Neubau und Renovierung, Gütegemeinschaft Fenster und Haustüren, ift Institut für Fenstertechnik Rosenheim, in Zusammenarbeit mit BIV des Glaserhandwerks Hadamar, Verband Fenster und Fassade (VFF) und andere, Ausgabe März 2020
- Leitfaden zur Planung und Ausführung der Montage von Vorhangfassaden
- ift-Richtlinie Fenstermontage in hochwärmedämmendem Ziegelmauerwerk
- ift-Richtlinie VE-06 Beanspruchungsgruppen für die Verglasung von Fenstern
- ift-Richtlinie FE-17/2 – Einsatzempfehlungen für Fenster bei altersgerechtem Bauen und in Pflegeeinrichtungen
- Merkblatt Lasierende Anstrichsysteme für Holzfenster und -türen

VFF-Merkblätter des Verbands Fenster und Fassadenhersteller e. V.

Eine Übersicht der Veröffentlichungen ist unter www.vff.org und www.window.de einsehbar.

- Visuelle Beurteilung von Oberflächen von Kunststofffenster- und Türelementen, 2016
- Visuelle Beurteilung von organisch beschichteten (lackierten) Oberflächen auf Aluminium, 2016
- Visuelle Beurteilung von organisch beschichteten (lackierten) Oberflächen auf Stahl, 2016
- Visuelle Beurteilung von anodisch oxidierten (eloxierten) Oberflächen auf Aluminium, 2016
- Visuelle Beurteilung von Oberflächen aus Edelstahl Rostfrei, 2016

Merkblätter des Bundesverbands Flachglas BF

Eine Übersicht der Veröffentlichungen ist unter www.bundesverband-flachglas.de einsehbar.

- BF-Merkblatt 001 – Kompass für geklebte Fenster
- BF-Merkblatt 012 – Reinigung von Glas
- BF-Merkblatt 022 – Verglasungsrichtlinie Februar 2020
- Richtlinie zur Beurteilung der visuellen Qualität von emaillierten Gläsern, 2013

Technische Richtlinien des Glaserhandwerks, Hadamar

Eine Übersicht der Veröffentlichungen ist einsehbar unter www.vh-buchshop.de/vh-produkte/glas-richtlinien.

- Visuelle Prüf- und Bewertungsgrundsätze für Verglasungen am Bau, Ausgabe April 2020

- Richtlinie zur visuellen Beurteilung einer fertigbehandelten Oberfläche bei Holzfenstern und Holzfenstertüren, Ausgabe 2000

IVD-Bundesverband Dichtstoffe

Eine Übersicht der Veröffentlichungen ist unter www.ivd-ev.de einsehbar.

- Merkblatt Nr. 2 Klassifizierung von Dichtstoffen

Bundesverband Farbe Gestaltung Bautenschutz BFS

Eine Übersicht der Veröffentlichungen ist unter www.farbe.de einsehbar.

- BFS-Merkblatt Nr. 18 – technische Regeln für die Beschichtungen auf Holz und Holzwerkstoffen im Außenbereich. Hinweise zu Instandhaltungsintervallen in Abhängigkeit von der Beanspruchung aufgrund von Klimabedingungen und Konstruktionen nach DIN EN 927-1.

6.6 Stichwortverzeichnis